■ ■ ■ 智能系统与技术丛书

Multi-Agent Oriented Programming

Programming Multi-Agent Systems Using JaCaMo

多Agent系统
编程实践

[法]　奥利弗·布瓦西耶（Olivier Boissier）

[巴西]　拉斐尔·H. 博蒂尼（Rafael H. Bordini）

[巴西]　乔米·F. 胡布纳（Jomi F. Hübner）　著

[意]　亚历桑德罗·里奇（Alessandro Ricci）

黄智濒　白鹏　译

机械工业出版社

CHINA MACHINE PRESS

北京市版权局著作权合同登记　图字：01-2021-0680 号。

图书在版编目（CIP）数据

多Agent系统编程实践/（法）奥利弗·布瓦西耶（Olivier Boissier）等著；黄智濒，白鹏译. —北京：机械工业出版社，2023.1（2024.10重印）

（智能系统与技术丛书）

书名原文：Multi-Agent Oriented Programming: Programming Multi-Agent Systems Using JaCaMo

ISBN 978-7-111-72679-1

I.①多… II.①奥… ②黄… ③白… III.①软件工具—程序设计 IV.①TP311.561

中国国家版本馆CIP数据核字（2023）第031818号

机械工业出版社（北京市百万庄大街22号　邮政编码100037）

策划编辑：曲　熠　　　　　　　责任编辑：曲　熠
责任校对：李　杉　梁　静　　责任印制：张　博

北京建宏印刷有限公司印刷

2024 年 10 月第 1 版第 2 次印刷

186mm × 240mm · 13.5印张 · 245千字

标准书号：ISBN 978-7-111-72679-1

定价：79.00元

电话服务　　　　　　　　　　　网络服务

客服电话：010-88361066　　　机 工 官 网：www.cmpbook.com
　　　　　010-88379833　　　机 工 官 博：weibo.com/cmp1952
　　　　　010-68326294　　　金 书 网：www.golden-book.com
封底无防伪标均为盗版　　　机工教育服务网：www.cmpedu.com

译者序

多 Agent 系统被应用于不同的领域,可对复杂系统进行建模、设计和编程。早期的 Agent 概念是由麻省理工学院的著名计算机科学家 Minsky 提出的,他在 *Society of Mind* 一书中将社会与社会行为概念引入计算系统。目前,全球范围内的多 Agent 系统研究浪潮正在兴起,在生物学、计算机科学、人工智能、控制科学、社会学等多个学科交叉和渗透发展,受到众多学者的广泛关注,已成为当前人工智能领域的研究热点。

本书从工程化的角度介绍面向多 Agent 的编程(MAOP),概述了它的三个核心维度,结合 JaCaMo 开源平台,深入浅出地介绍了各个维度的概念和编程抽象,并基于智能房间场景进行编程实践,重点介绍了如何应对自治性、去中心化和分布式以及其他开放性挑战。本书采用沉浸式风格和渐进式方法,围绕各类实践项目介绍核心概念;支持通过经验学习,除了贯穿全书的例子外,有些章节还专门介绍了完整的案例研究,但始终围绕面向多 Agent 的编程的核心问题展开,让读者易于阅读,勇于实践,敢于探索,让多 Agent 的编程真正进入工程化。

译者一直从事以 Agent 为基础的人工智能应用方面的实践和科研工作,特别是新概念航空航天飞行器气动总体设计和流场结构智能分析处理方面的应用工作。事实上,当前航空航天领域提出的许多新概念飞行器已经成为研究热点,例如,智能可变形飞行器、蜂群无人机、忠诚僚机、无人战斗机等,其内涵和对智能技术的需求似乎都已经超出了目前获得广泛应用的人工智能技术,并且它们都隐含了本书所提出的多 Agent 概念,都需要多 Agent 技术的研究取得突破性进展。当然,目前关于多 Agent 系统的研究仍然十分基础,相信本书会为多 Agent 系统的实践和推广带来益处。

在翻译的过程中,译者力求准确反映原著表达的思想和概念,但受限于译者水平,翻译中难免有错漏之处,恳请读者批评指正,译者不胜感激。

最后，感谢家人、朋友的支持和帮助。同时，要感谢在本书翻译过程中做出贡献的人，特别是北京邮电大学曹凌婧、张瑞涛、黄志林等；还要感谢北京邮电大学计算机学院（国家示范性软件学院）和中国航天空气动力技术研究院的大力支持。

黄智濒　白鹏

北京邮电大学智能通信软件与多媒体北京市重点实验室

2023 年 2 月

ACKNOWLEDGEMENTS

致　谢

我们为本书的研究和写作投入了大量时间，特别是在过去几年。然而，如果没有许多人的帮助和启发，这本书是不可能完成的，我们在此向他们分别致谢。在这之前，我们想做一些联合致谢。

如果没有达格斯图尔（Dagstuhl）研讨会，我们就不可能开展合作来确定面向多Agent 的编程方法和 JaCaMo 平台。我们要感谢组织者和来自达格斯图尔城堡的人们，他们提供了这样一个充满新思想的环境，为分享知识和发起富有成效的合作创造机会。

我们还要感谢自治 Agent 和多 Agent 系统（Autonomous Agent and Multi-Agent Systems，AAMAS）社区，成员们的反馈、会议期间的讨论、研讨会以及我们有幸在不同场馆举办的辅导班为本书的写作提供了素材。我们特别感谢欧洲 Agent 系统暑期学校（European Agent Systems Summer School，EASSS），以及 Agent、环境及应用工作会议（Workshop and School on Agents, Environments, and Applications，WESAAC）的参与者和组织者，他们为我们提供了讨论和分享 MAOP 想法的机会。我们感谢 Jason、CArtAgO、Moise 和 JaCaMo 的用户和贡献者的反馈、错误修正以及在自由和开源软件原则下开发的想法。

Olivier Boissier 要感谢圣埃蒂安大学，包括其计算机科学的硕士和博士课程。他要感谢很多人，包括 Yves Demazeau、Jaime Simão Sichman、Cristiano Castelfranchi、Antonio Carlos da Rocha Costa 以及法国人工智能和多 Agent 系统的研究团体，他们的讨论和合作总是令人振奋和永无止境。Boissier 要感谢计算机科学与智能系统系和互联智能团队的成员，以及直接或间接参与讨论的合作者。Boissier 还要感谢那些为去中心化和开放的智能系统工程开发思想、模型和工具的人，特别是 Fabien Badeig、Flavien Balbo、Matteo Baldoni、Cristina Baroglio、Philippe Beaune、Carlos Carrascosas、

Agnes Crepet、Adina Florea、Catherine Garbay、Maxime Lefrançois、Roberto Micalizio、Gauthier Picard、Fano Ramparany、Claudette Sayettat、Laurent Vercouter 和 Antoine Zimmermann。Boissier 非常感谢那些曾为他提供建议和与他合作过的硕士和博士生。特别是，Boissier 要感谢那些直接或间接对 MAOP 的不同方面做出贡献的人，他们是 Mohamad Allouche、Mahdi Hannoun、Hubert Proton、Thibault Caron、Mihnea Bratu、Cosmin Carabelea、Oana Bucur、Benjamin Gateau、Grégoire Danoy、Luciano Coutinho、Camille Person、Andrei Ciortea、Alessandru Sorici、Réda Yaich、Amro Najjar、Andrea Santi、Michele Piunti、Maiquel De Brito、Maicon Zatelli、Daniella Maria Uez、Rosine Kitio、Lauren Thevin、Nicolas Cointe、Katherine May、Stefano Tedeschi 和 Iago Felipe Trentin。Boissier 还要感谢巴西 UFSC 对访问学者职位的支持，USP COFECUB 98-04 和国际合作与流动 Rhône-Alpes（CMIRA）2012 Région Rhône Alpes，ForTrust 和 ETHICs 及 ETHICAA 的 ANR 项目，Orange Labs 为访问者、博士后提供资金，以及直接或间接地对书中介绍的部分 MAOP 工作做出了贡献的博士生。

Rafael H. Bordini 要感谢利物浦大学、达勒姆大学、南里奥格兰德联邦大学（UFRGS）和南里奥格兰德天主教大学（PUCRS），这些机构在 Jason 的整个发展过程中与他有联系，Jason 后来发展成为 JaCaMo。Bordini 还要感谢热那亚大学和牛津大学在他休假期间提供的访问学者职位，本书就是在这期间完成的。本书中的工作以 Jason 为基础，这是 Bordini 与 Jomi F. Hübner 的联合作品，也是他整个职业生涯中奉献的源泉。尽管 Bordini 的研究生涯受到了许多人的影响，但 Bordini 首先要感谢 Antonio Carlos Rocha Costa，他不仅是 Bordini 的灵感来源，也是巴西整个人工智能界的灵感来源，他是巴西人工智能研究的先驱，他在科学研究和教学中恪守道德和奉献的高标准，是学术界的楷模。Bordini 也非常感谢他已故的博士生导师 John A. Campbell 教授和他多年来的所有合作者，以及来自 AAMAS 的同事，尤其是工程多 Agent 系统（EMAS）研究界的同事，包括 Renata Vieira、Antonio Carlos da Rocha Costa、Alvaro Moreira、Viviana Mascardi、Davide Ancona、Michael Wooldridge、Michael Fisher、Willem Visser、Brian Logan、Natasha Alechina、Jürgen Dix、Amal El Fallah Seghrouchni、Peter McBurney、Simon Parsons、Louise Dennis、Berndt Farwer、Ana Bazzan、Luis Silva、Diana Adamatti、João Leite、Paolo Torroni、Lars Braubach、Alexander Pokahr、Moser Fagundes、Sandro Fiorini、Marcia Campos、Dejan Mitrovic、Stefan Sarkadi、Yves Lesperance、Munindar Singh、Jørgen Villadsen、Francisco Grimaldo、Wojtek

Jamroga、Mateo Baldoni、Cristina Baroglio、Rem Collier 和 Sebastian Sardina 等。Bordini 非常感谢他多年来指导的所有学生，他们为 Bordini 的研究做出了巨大的贡献，特别是最近的 SMART 研究小组，包括 Fabio Okuyama、Rodrigo Machado、Patricia Shaw、Thomas Klapiscak、Rafael Cardoso、Alison Panisson、Tulio Basegio、Giovani Farias、Tabajara Krausburg、Debora Engelmann、João Brezolin、Artur Freitas、Daniela Schmidt、Lucas Hilgert、Alexandre Zamberlan、Vagner Gabriel、Juliana Damasio 和 Victor Melo。最后，Bordini 要感谢巴西国家科学和技术发展委员会（CNPq）、巴西联邦研究生教育支持和评估机构（CAPES）、南里奥格兰德州研究基金（FAPERGS）和三星巴西分公司资助的研究项目，这些项目直接或间接地为本书的不同部分做出了贡献。

Jomi F. Hübner 要感谢圣卡塔琳娜联邦大学（UFSC）和布卢梅瑙地区大学（FURB）。在 Moise、Jason 和 JaCaMo 的发展过程中，Hübner 一直与这些机构保持联系。Hübner 还要感谢圣埃蒂安大学的几个访问期和公休年，这本书就是在这期间诞生的。在学术追求中，Hübner 有幸得到了两位杰出的研究人员的建议，他们对 Hübner 的 MAS（多 Agent 系统）工作产生了根本性的影响，他们是 Antonio Carlos da Rocha Costa 和 Jaime Simão Sichman。Hübner 也非常感谢他多年来指导过的所有学生，他们对 Hübner 的研究做出了巨大的贡献。Hübner 特别要感谢他的博士生 Maiquel De Brito、Maicon Zatelli、Cleber Amaral、Daniella Uez、Tiago Schmitz 和 Gustavo Ortiz-Hernández，他们对 JaCaMo 项目做出了直接贡献。最后，Hübner 要感谢 CNPq、CAPES 和 Petrobras 对研究项目的资助，这些项目直接或间接地为本书的不同部分做出了贡献。

Alessandro Ricci 要感谢博洛尼亚大学计算机科学与工程系，特别是塞纳校区。由于 Antonio Natali、Andrea Omicini、Enrico Denti 和 Mirko Viroli 组成的伟大研究小组，Ricci 才有机会加入并与他们一起成长。Ricci 在本书中的每一份贡献都是与这些人、导师和朋友进行快乐、艰难和永无止境的讨论与反思的结果。Ricci 也非常感谢 Rune Gustuvsson、Martin Fredriksson 和瑞典布京理工学院（BTH）的 SOCLAB，Ricci 在很久以前的博士学习期间，在那里度过了富有洞察力的几个月，并获得了灵感，播下了种子。Ricci 感谢他指导并一起成长的博士生 Michele Piunti、Andrea Santi 和 Angelo Croatti，他们对本书做出了重要贡献。最后，Ricci 深深感谢所有与他相识和共事的，在这些年里直接或间接地对本书做出了贡献的研究人员。他们是 Cristiano Castelfranchi、Luca Tummolini、Carlos Carrascosas、Rem Collier、Andrei Ciortea、Viviana Mascardi、Danny Weyns、Fabien Michel、Amal El Fallah Seghrouchni、Matteo Baldoni、Cristina Baroglio、Giovanni Rimassa、Giuseppe Vizzari、Maicon Rafael

Zateli、Xavier Limón、Daghan L. Acay、Ambra Molesini、Stefano Mariani、Franco Zambonelli 和 Marco Mamei。

最后，我们要感谢我们的家人，包容我们无数次在晚上、周末和假期开会和座谈。

Olivier Boissier, Rafael H. Bordini, Jomi F. Hübner, Alessandro Ricci

2020 年 2 月

CONTENTS

目 录

译者序
致谢

第1章 引言 ···················· 1
1.1 目标 ···················· 2
1.2 挑战 ···················· 2
1.3 方法 ···················· 4
1.4 预期读者群 ············· 4
1.5 本书结构和阅读指南 ······ 5

第2章 MAOP 概述 ··········· 8
2.1 多 Agent 系统 ··········· 8
2.2 面向多 Agent 的编程 ····· 11
2.3 主要抽象 ··············· 12
2.4 集成视图 ··············· 14
2.5 克服挑战 ··············· 16
2.6 小结 ··················· 19
2.7 参考资料 ··············· 19

第3章 新手入门 ············· 21
3.1 单一 Agent 的"你好 – 世界"

的例子 ···················· 22
3.2 多 Agent 的"你好 – 世界"
的例子 ···················· 23
3.3 "你好 – 世界"的环境 ······ 24
3.4 "你好 – 世界"的组织 ······ 26
3.5 参考资料 ··············· 30
3.6 练习 ··················· 31

第4章 Agent 维度 ·········· 33
4.1 简介 ··················· 33
4.2 Agent 抽象 ············· 35
4.3 Agent 执行 ············· 40
4.4 参考资料 ··············· 44
4.5 练习 ··················· 45

第5章 环境维度 ············· 46
5.1 简介 ··················· 46
5.2 环境抽象 ··············· 49
5.3 环境执行 ··············· 59
5.4 参考资料 ··············· 61
5.5 练习 ··················· 62

第6章　Agent及其环境的编程 ……… 63

　6.1　主动式智能房间的编程 ………… 63

　6.2　为智能房间增加反应性 ……… 71

　6.3　为智能房间增加容错 ……… 74

　6.4　让智能房间具有适应性 ……… 75

　6.5　我们学到了什么 ……… 78

　6.6　练习 ……… 79

第7章　对在环境中互动的多个Agent
　　　　进行编程 ……… 81

　7.1　对有多个Agent的智能房间
　　　　进行编程 ……… 81

　7.2　用交互协议对协调工作
　　　　去中心化 ……… 87

　7.3　以环境为媒介的协调 ……… 91

　7.4　从去中心化到分布式 ……… 97

　7.5　我们学到了什么 ……… 103

　7.6　练习 ……… 104

第8章　组织维度 ……… 105

　8.1　简介 ……… 105

　8.2　组织抽象 ……… 109

　8.3　组织执行 ……… 116

　8.4　参考资料 ……… 123

　8.5　练习 ……… 124

第9章　情境Agent的组织编程 ……… 125

　9.1　对有组织的智能房间的编程 ……… 125

　9.2　改变组织 ……… 136

　9.3　Agent部署它们的组织 ……… 138

　9.4　Agent对其组织的推理 ……… 140

　9.5　我们学到了什么 ……… 143

　9.6　练习 ……… 143

第10章　与其他技术的集成 ……… 145

　10.1　库、框架与平台 ……… 145

　10.2　主流应用领域和技术 ……… 153

　10.3　与其他多Agent系统平台
　　　　相集成 ……… 163

第11章　总结和展望 ……… 165

　11.1　MAOP视角的总结 ……… 165

　11.2　MAOP和人工智能 ……… 167

　11.3　MAOP和软件工程 ……… 172

　11.4　未来之路 ……… 176

练习答案 ……… 178

参考文献 ……… 191

第 1 章

引　言

现代应用软件必须处理互联软件系统日益增强的自治性，最重要的是处理对无数预先未知系统的集成。智慧城市、智能交通系统和由物联网（Internet of Things，IoT）发展所推动的产业等当前趋势，指向了更复杂的场景，在这些场景中，由智能自治软件实体和机器人组成的具有自适应性和开放性的团队，将与人类和日常物品进行互动，这些事物之间都是互联的。多 Agent 系统（Multi-agent system，MAS）可以作为构建和工程化此类系统的一个合适的范式。一个多 Agent 系统是一个有组织的、面向目标的自治性实体集合，这些实体被称为 Agent，这些实体相互通信并在一个环境（environment）中进行交互。在个体层面上，每个 Agent 通过决定要做什么来自治地追求自己的目标和任务。作为一个集合体，Agent 通常需要协调合作，以实现 MAS 作为一个整体的全局目标，形成一个组织（organization）。这本书是介绍关于多 Agent 系统编程（programming）的，使用一种我们称为面向多 Agent 编程（multi-agent oriented programming，MAOP）的集成方法。

在文献中，许多处理多 Agent 系统的相关技术出现在不同的环境中，主要的例子是人工智能（AI）、分布式 AI、软件工程（SE）、模拟——其中一些导致产生了具体的编程模型，用于处理现代系统中日益增加的自治性和交互复杂性。在这个方向上，MAOP 提供了一种基于三组相互关联的概念和编程抽象［以下简称维度（dimension）］的结构化方法，这种结构化方法对设计此类复杂系统非常有用：Agent 维度用于对个体（交互的）自治性实体进行编程；环境维度用于为 Agent 工作、交互和连接到现实世界所用的共享资源和方法进行编程；组织维度用于构建和调节共享环境中自治性 Agent 之间发生的复杂相互关系。

为了在实践中看到 MAOP 的概念和方法，我们使用 JaCaMo 平台，这是一个开源 MAS 技术，支持我们在本书中所考虑的三个维度之间的集成。

1.1　目标

本书旨在为读者提供掌握 MAOP 所需的原理和技能。

❑ 原理知识能使读者对 MAOP 基础具有深刻理解，并且帮助读者了解多 Agent 系统编程的好处和局限性。

❑ 技能知识使读者获得使用 MAOP 开发多 Agent 系统的能力。

MAOP 方法涉及概念的各个维度，这些概念可以带来各种各样的好处。然而，掌握所有维度及其特定概念的使用是一项长期的任务，需要通过开发各种应用程序进行实践。通过本书，读者可以学到一些使用 MAOP 技术和编程模式的实际能力，这些能力源自本书作者多年来在开发应用程序时获得的经验。

1.2　挑战

通常，多 Agent 系统被应用于不同的领域，可对复杂系统进行建模、设计和编程。我们在本书中介绍的 MAOP 建模和工程特征非常适合处理与此类系统复杂性相关的具有挑战性的特征或属性。

我们在本书中讨论的系统的基本特征是自治性（autonomy）。计算机科学对自治性的要求正体现在越来越多的领域中，AI 和 SE 研究界正在致力于其在机器人领域的发展，但自主性在许多其他领域更为普遍，如健康护理和智能家居。自治性的概念可以有不同的解释，这取决于具体的环境，并且可以确定不同的自治性水平。在本书中，我们考虑的是人工智能背景下的典型含义，即一个系统嵌入并制定一些决策的属性，以执行系统被设计的任务，通常需要与一些环境交互并适应它。为了完成其工作，一个自治系统必须能够在没有人类干预的情况下采取行动。然而，这项工作可能涉及协助和与人类用户互动。在 MAS 的背景下，引入了一个明确的抽象——Agent——用于直接解决这一特征。Agent 代表了具有自治行为（autonomous behavior）的实体。

通常情况下，本书涉及的复杂系统不能被设计成一个集中所有决策的单一实体。这可能是由不同的因素造成的，比如在一个点上传送决策所需的所有信息是不可能的或不切实际的，或者不可能用一个决策者来有效地处理它们，也就是说，需要在分布式环境的不同部分同时应用不同的决策。因此，这些系统需要对数据和控制完全的去中心化（decentralization），也就是说，要有多个控制和决策的地点（loci），每个地点处理整个环境和问题的一部分。然后需要适当的协调（coordination）策略来管理多个决策者之间的依赖性，以实现整个系统的目标。除了去中心化之外，这些系统还可以分布（distributed）在多个计算主机和设备上，它们不共享内存，通常通过互联网进行通信。引入多 Agent 系统的概念能够有效地将系统建模为去中心化的、松散耦合的自治实体的集合，其中通信、协调和合作是被重点关注的方面。

分布式（Distribution）在可用性、弹性以及异构性、安全性和开放性方面带来了进一步的挑战。关于开放性，正如 Hewitt 和 De Jong（1984）所说，"开放系统是分布式的、高度并行的、逐步进化的、持续运营的计算机系统，总是能够进一步增长"。因此，开放性（Openness）涉及这样一个事实，即参与系统的元素集合是高度动态的（即参与者，无论是人类还是软件实体，都可能在系统运行时进入和离开），以及在设计时对这些元素的数量和行为缺乏控制。相反，由于异构性（heterogeneity），系统的不同组件可以有不同的特性和能力，并可以在异构的硬件和软件堆栈上运行。这些方面在 MAS 中被直接捕捉到，因为根据定义，Agent 是松散耦合的（loosely coupled），它们的通信模型（例如，基于高级 Agent 通信语言的言语行为）并不对它们所基于的特定软件堆栈做出任何假设。使用标准的协议和技术（如 Web 技术）可以简化 MAS 技术与主流和传统技术的互操作性。

最后，人工智能技术（如机器学习）在过去几年中取得的进展要求我们采取系统而鲁棒的方法，将其嵌入自治软件系统的工程中，以提高其灵活性，并最终提高自治性。当我们考虑到系统处于动态和不可预测的环境中时，尤其需要灵活性和自适应性（adaptation），因此在设计时不可能（或不可行，或甚至是不方便）对其结构和动态有一个完整的模型。甚至当我们考虑位于随时间演变的环境中的长期运行的系统时也会出现这种情况。在所有这些情况下，设计者和开发者不可能（或者说不可行）在设计时预先定义系统在运行时要执行的全部业务逻辑，以便自治地执行任务和实现目标。在 AI 中，规划（planning）和强化学习（reinforcement learning）是两个广泛应用的技术例子，可以用来构建灵活和自适应的 Agent，即使在不可预测和不断变化的环境中也能实现完全自治。然而，如果一个基于计算机的系统是真正的自治，那么只有当它能够合理地解释它所做的每一个决定时，它才会被信任。也就是说，可解释性（explainability）成为一个主要的关注点，就像自治性一样，它可以在不同的层面上被定义，从设计师到程序员，再到用户。从这个角度来看，Agent 和 MAS 提供了一个架构蓝图，以一种有规律的方式整合 AI 技术。

在下一章中，我们将探讨 MAOP 的特性如何帮助开发人员解决所有这些挑战。

1.3 方法

本书遵循并结合如下的各种技术，学习如何使用 MAOP 对多 Agent 系统进行编程：

❑ **完全沉浸式**。读者从书中的第一个项目开始学习如何使用 MAOP 方法，因此，MAOP 的核心概念从一开始就得到了强调和解释。

❑ **渐进式方法**。从最简单的多 Agent 程序开始逐步介绍概念和技术，将工程原理与编程交织在一起。

❑ **实例**。本书支持通过经验学习，使读者学习并掌握 MAOP 的机制，这是一套个人的方案 / 模式 / 习惯，有可能在读者自己的多 Agent 程序开发中重复使用。

❑ **基于项目的方法**。除了贯穿全书的例子外，有些章节还专门介绍了完整的案例研究，支持基于项目的教学。

❑ **科学基础**。通过介绍 MAOP 核心问题的"为什么""是什么"和"怎么做"，来介绍 MAOP 的原则。

JaCaMo 平台支撑着所有这些方面，为读者开发 MAOP 程序提供了通用和统一的基础。JaCaMo 是免费的、开放源码的开发平台，本书中使用它来实现练习、案例研究和示例系统。

1.4 预期读者群

本书面向的是广泛的读者群，其中包括：

❑ **学生**。本科生和研究生都可以利用本书学习面向多 Agent 的编程，以开发多 Agent 系统。本书可用于介绍智能 Agent 和多 Agent 系统原理的多 Agent 系统、人工智能和软件工程课程，或更广泛地介绍集体自治应用的设计，这是当前大多数计算趋势观点的要求，为支持实践课程作业提供了新材料。

❑ **计算机编程领域的从业人员**。技术人员、高级开发人员、软件架构师和其他从业人员可以深入了解 MAOP 方法的概念和基础以及该方法在开发复杂、开放、自治系统方面的最佳实践。本书可以帮助从业人员利用他们的实践经验，以一种有原则的方式对多 Agent 系统应用进行编程。

- ❏ **研究人员**。无论是否活跃在与多 Agent 系统相关的各个研究领域，研究人员都可能希望获得关于实用 MAOP 的整体和结构性观点，即使他们已经对该主题的某些方面有了深入了解。

阅读本书不需要特定的背景知识，也就是说，任何对编程和编程语言有一定了解的计算机科学家，在典型的计算机科学本科课程的水平上，都应该能够掌握本书的内容。尽管这不是强制性的，但拥有以下领域的基础知识将有助于读者更好地理解本书的内容：逻辑编程、编程语言、面向对象编程、多 Agent 系统和人工智能。

1.5　本书结构和阅读指南

本书的其余部分组织如下。首先，我们概述了 MAOP 的三个核心概念维度（第 2 章），然后，通过使用 JaCaMo 平台，我们展示了如何在实践中使用 MAOP（第 3 章）。随后，我们详细介绍了在 Agent（第 4 章）和环境（第 5 章）维度上使用的概念和编程抽象。第 6 章介绍了第一个案例研究，其运行代码的灵感来自于一个智能房间场景，该系统只有 Agent 和一个环境模型。在第 7 章中，我们重新审视该系统，重点是自治 Agent 间的互动。在这一点上，我们还没有进入 Agent 的组织的重要维度，这是复杂多 Agent 系统的基础。在第 8 章中，我们讨论了组织维度上的概念，在第 9 章中，我们扩展了智能房间场景，提供了一个案例研究，在这个案例中，我们的 MAOP 方法的主要元素被一起使用，就像在开发复杂的 MAS 时那样。第 10 章介绍了 MAOP 如何用于整合不同的技术，并作为工程方法来整合和建立智能系统的一般性讨论。最后，第 11 章包括 MAOP 和 JaCaMo 的高级功能的选择，介绍了一些涉及高级编程技术的研究方向，这些技术通常与我们的方法的持续扩展有关，是高级 JaCaMo 程序员和研究人员主要感兴趣的领域。

阅读全书并不是获得一些关于 MAOP 的知识或学习如何用 JaCaMo 编程的必要条件。作为一个指导原则，如果你想感受一下 MAOP 中使用的强大的抽象，同时对相关的概念有深刻的理解，并检查匹配的代码例子，可以考虑只读第 2、4、5 和 8 章。另一方面，如果你只对实际编程感兴趣，而不是对基础感兴趣，你可以只读第 3、6、7 和 9 章。第 10 章和第 11 章主要对那些使用 JaCaMo 进行高级多 Agent 编程感兴趣的读者有用。请注意，组织的概念部分（第 8 章）只在接近尾声时才出现，因为我们在本书中对 MAOP 的介绍采用了渐进的方法。因此，我们在第 6 章中介绍一个完整的系统实例（只有 Agent 和环境），让在通读全书的读者尽早获得一些实践经验。

在整本书中，你会发现有两种类型的文本框有别于正文，其中，研究框通常只会使 MAS 的研究人员感兴趣，而技术框通常包含只有高级程序员感兴趣的编程细节。

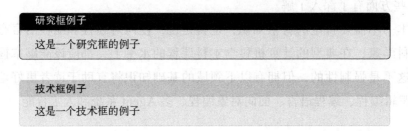

为了帮助读者更好地理解书中提出的概念，用图 1.1 中的一组图形符号来表示。这些符号用来表示基于 MAOP 方法的 MAS 执行过程中所涉及的各种概念性元素。除了这些图形表示外，我们还使用类似 UML 的图来表示参与定义 MAOP 方法的维度的概念。在这些图中没有使用 UML 的各种符号，以保持它们的简单易读。例如，我们决定不在连接不同概念的组成链接上显示基数。

本书附有一个网站（http://jacamo.sourceforge.net/book），所有的例子和完整的系统都可以从中下载和运行。应该强调的是，运行这些系统的平台是免费提供的，而且是开源的。可以在 http://jacamo.sourceforge.net 网站获得。该平台基于的编程工具，在多年的研究和开发中已被证明是强大的，并被世界各地的研究人员和从业人员所使用。

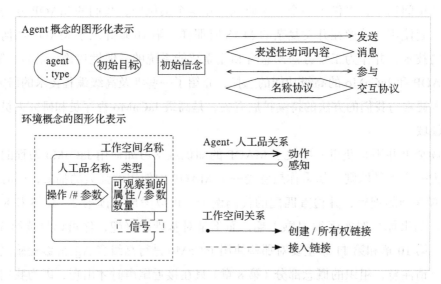

图 1.1　书中使用的图形符号

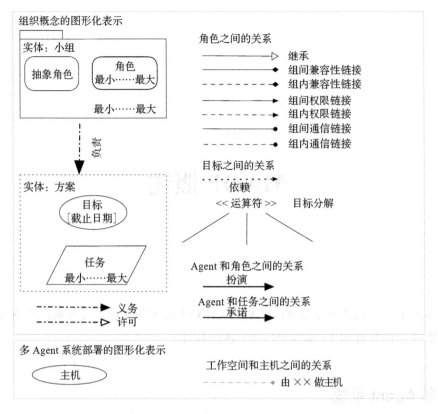

组织概念的图形化表示

实体：小组

抽象角色　　　角色
　　　　　　最小……最大

　　　　　　最小……最大

负责

实体：方案

目标
[截止日期]

任务
最小……最大

- - - - ▶ 义务
- - - - ▷ 许可

角色之间的关系

——————▷ 继承
——————◆ 组间兼容性链接
- - - - ◆ 组内兼容性链接
——————▶ 组间权限链接
- - - - ▶ 组内权限链接
——————● 组间通信链接
- - - - ● 组内通信链接

目标之间的关系

- - - - ● 依赖

《运算符》　　目标分解

Agent 和角色之间的关系
扮演

Agent 和任务之间的关系
承诺

多 Agent 系统部署的图形化表示

主机

工作空间和主机之间的关系

- - - - - - ● 由 ×× 做主机

图 1.1 （续）

第 2 章

MAOP 概述

在本章中，我们将介绍多 Agent 系统（MAS）的主要概念，并对面向多 Agent 的编程进行概述，作为对 MAS 编程的广泛方法的梳理。

2.1 多 Agent 系统

多 Agent 系统是复杂系统建模和工程化的一个范式。我们所说的范式（paradigm）是指一套概念、技术、工艺和方法论。建模意味着在这些概念的基础上创建形式化的表示（模型），以捕捉有关目标系统的结构和行为的基本方面。MAS 在如下两个主要上下文场景中使用，而建模是它们的一个重要方面：（1）模拟，在这种情况下，模型有助于描述和模拟现有的复杂系统，无论是自然的还是人工的，以分析它们的属性；（2）工程化，它更倾向于系统和应用的设计和开发。模拟案例的例子是一个用于交通模拟的基于 Agent 的模型，其中汽车被建模为 Agent，城市和街道标志是 Agent 环境的一部分。同一领域的工程化案例是一个智慧城市的模型，其中自治无人驾驶汽车被设计成 Agent，与其他 Agent 和代表智慧基础设施的数字服务互动。本书采用的是工程化角度。

我们使用 MAS 构建（设计以及编程）一个复杂的系统，作为一个位于某些（逻辑）环境中定位和交互的自治 Agent 组织。Agent 代表了系统的决策实体。也就是说，Agent 是被设计为自治地追求某种目标的实体，为此封装了一个逻辑控制流，并就如何表现和互动做出决定。在智慧城市的例子中，代表自治无人驾驶汽车的 Agent 的目标可能是到达某个目标地点，它根据人类用户的偏好选择最方便的路径。Agent 在逻辑上位于一个环境中，它们感知并采取动作，以实现它们的目标。环境代表了一个 Agent 动作的上下文。在智慧城市的例子中，环境既可以是物理环境，如街道，也可以是数字服务，如交流相关信息的共享信息板。

环境可以是大规模的和分布式的。尽管如此，一个 Agent 在任何时候都只能观察到其中的一部分并对其采取动作（见图 2.1）。这与现实世界的类比是非常直接的：人们（即 Agent）在一些环境中进行感知和发出动作，决定为了实现他们的目标要做什么，与其他人互动，等等。与人类的情况一样，环境也可以被看作 Agent 可以分享和使用的资源和工具的集合，以完成它们的任务。图 2.2 显示了一个面包店的例子，在随后的章节中也会用到它。

一个多 Agent 系统涉及多个 Agent 通过一些高级 Agent 通信语言（Agent Communication Language，ACL）进行通信，并合作实现共同目标。该组织（见图 2.1）明确地捕捉了整个系统的任务（以及功能、行为和属性）的主要特征方面。例如，在智慧城市的例子中，代表自治无人驾驶公交车的 Agent 集合可以形成一个团体，既有个人的任务，也有共同的目标，并有权利和义务来约束它们的行为以及组织内和组织间的互动。

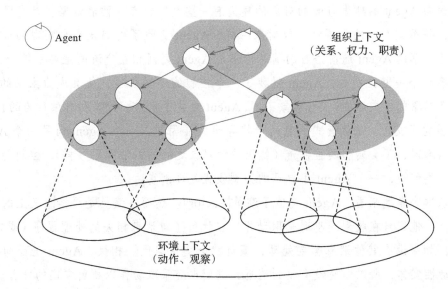

图 2.1　Jennings（2001）提出的多 Agent 系统的示意图

图 2.2　MAS 与人类系统的类比（一个面包店车间的场景）

MAS 范式与现有范式的比较

　　面向 Agent 的建模与面向对象的建模有一些共同特点。两者都坚持信息隐藏的原则，并承认互动的重要性。像对象一样，Agent 隐藏了内部状态和实现细节，基于一些共享的 Agent 通信语言的消息传递是 Agent 之间相互交流的主要手段。

　　第一个关键区别是，Agent 封装了一个控制的逻辑线程，使其成为主动的（而不是像对象那样被动的）。与对象不同，Agent 封装了状态、行为和对该行为的控制。这也影响了交流／互动模式，它是严格异步的，因此，一个 Agent 向另一个 Agent 发送消息时，不会转移其控制流（就像被动对象之间的方法调用一样），控制仍然被封装。类似地，一个 Agent 用自己的控制线程处理消息。

　　从这个角度来看，Agent 类似于演员（actor）。然而，演员是严格意义上的反应性实体；他们只在收到消息时采取动作。在执行了与消息相关的处理程序（或方法）之后，如果没有其他消息需要处理，演员就会变得空闲。相反，Agent 是面向目标的主动性实体，所以即使没有收到消息，它们也会采取动作以执行它们的任务。

　　面向 Agent 的建模和面向对象／演员的建模之间的另一个主要区别是环境作为头等抽象。在一个纯粹的面向对象的编程世界中，一切都被建模为对象。在一个纯粹的演员世界中，一切都被建模为演员。在面向 Agent 的建模中，Agent 与其他 Agent 交流，但也通过动作和感知与环境互动。因此，面向 Agent 的建模并不涉及将所有东西都作为 Agent 来建模。在表示 / 封装决策的系统部分和表示要控制的实体的系统部分之间存在着关注点的分离，为此目标提供动作和可观察的状态 / 事件。

2.2 面向多 Agent 的编程

原则上，只要对模型有明确的描述，任何编程技术都可以用来实现 MAS。然而，风险在于对图 2.1 进行以 Agent 为中心的解释，在这种解释中，环境和 / 或组织上下文在 Agent 的头脑中被表示和管理。采用直接提供头等编程抽象的编程语言，大大简化了我们的任务，使我们有可能在设计到开发的过程中以及在运行时保持抽象水平的一致性。

面向多 Agent 的编程是一种对 MAS 进行编程的方法，它提倡使用头等编程抽象，这些抽象涉及多 Agent 系统的三个主要维度，即 Agent 维度、环境维度和组织维度（见图 2.3）。每个维度都定义了一组概念和头等抽象，捕捉 MAS 的不同关注点。

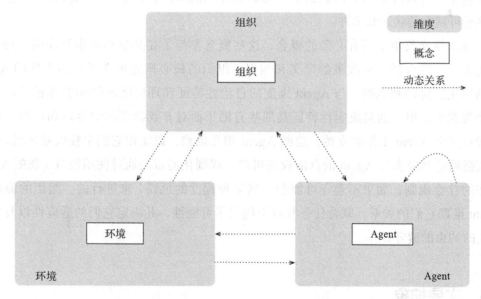

图 2.3　面向多 Agent 编程的维度

Agent 维度对概念和编程抽象进行分组，以便对参与系统的 Agent 进行定义和编程。Agent 概念是关键抽象，用于对决策实体进行编程，这些实体能够通过对事件的反应提供局部的灵活性和动态性，同时主动地指导其行为以达到系统的未来状态，从而满足某些目标。由此产生的软件实体有自己的逻辑控制线程，以自治地实现这些目标，与环境、其他 Agent 和调节整个系统的组织互动。

在这种观点中，Agent 的最决定性的特征之一是自治性。自治性与 Agent 概念密不可分，因为设计 Agent 是为了推理要实现什么，而且重要的是，在当前的系统环境下如何实现。为此，Agent 的特点是主动性，即主动采取行动以实现其目标的能力；反应性，即根据从环境中感知到的事件及时调整其行为的能力，以及社会能力，即与其他 Agent 进行交流和合作的能力。在组织层面上，自治性意味着控制权的去中心化，因此，一个 Agent（及其行为）通常会受到其他 Agent 或组织规格的影响，但不会受到严格控制。规范（Norm）被用来定义社会系统中的预期行为，但自治 Agent 可以选择不遵守。

环境维度为分布式资源的定义和编程提供了概念和头等抽象，以及在 Agent 之间共享的与现实世界的连接。如果 Agent 是有用的，可以对自治的目标导向的实体进行建模，那么环境作为头等抽象，对任何可以被 Agent 使用或控制以实现其目标的元素进行建模。环境抽象是使 Agent 处于某种位置的原因，也就是说，在逻辑上被置于一种环境中，这种环境为它们提供了一套影响环境的动作，并暴露了 Agent 可以感知到的某种可观察的状态和事件。

组织维度收集了所有必要的概念，这些概念参与了在共享环境中互动的 Agent 之间的关系、联合任务和政策的定义和编程。组织的核心概念定义了共同工作的 Agent 的结构化、协调和规则。与 Agent 维度的自治性特征和环境维度的动态性相呼应，在这个观点中，组织的最决定性特征是那些有助于面对开放性要求的协调和规则。协调是指对多个 Agent 工作的支持，这些 Agent 相互依赖，以实现它们单独或集体的目标。规则指的是规范参与 Agent 的自治权的机制。规则化通常是通过使用规范（期望 Agent 遵守的社会规则，如果不遵守可能会受到某种程度的惩罚）来进行的。组织的编程为 Agent 推理它们的关系、联合任务和政策提供了可能性，并决定它们的适应性以及对所产生的约束的遵守。

2.3   主要抽象

MAOP 的每个维度都包括各种支持 MAS 发展的概念和编程抽象。在这里，我们提供了一个鸟瞰图，旨在作为一个地图（见图 2.4），首先确定每个维度的主要抽象概念，然后评论连接各维度的联系。在随后的章节中，我们将更详细地研究这些维度。

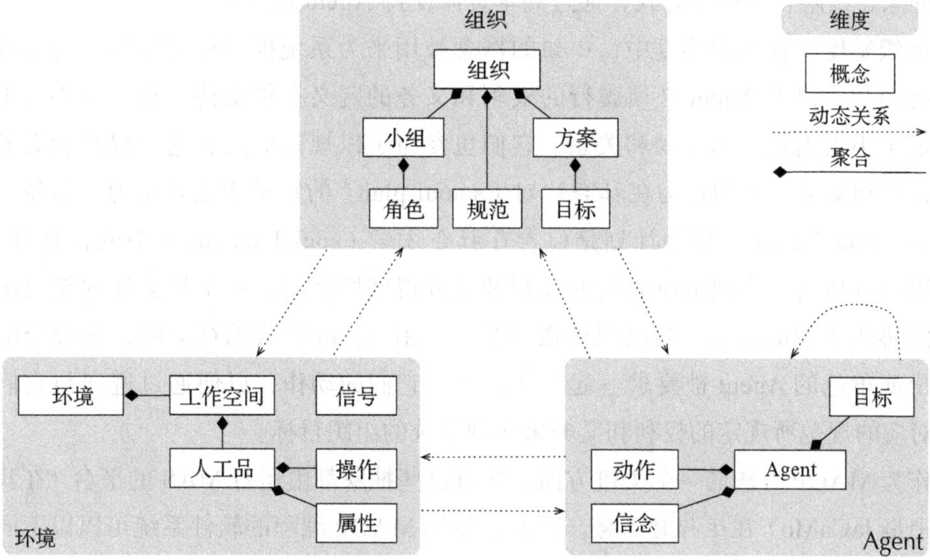

图 2.4 MAOP 的维度和主要概念

Agent 维度。在 Agent 维度中，目标的概念是非常重要的，它提供了 Agent 希望实现的一些事务状态的表示方法。明确表示 Agent 必须实现的长期目标，对于自治性和主动性是至关重要的。在某些情况下，它相当于明确每个 Agent 的设计目标。对自治性同样重要的是，Agent 能够在运行时对追求哪些目标做出理性的选择，以及为实现这些目标而选择要使用的手段。

这些选择和随后的行为是由 Agent 的信念指导的。信念只是 Agent 可用信息的明确表示，Agent 可以在此基础上进行推理。该术语用于强调在典型的多 Agent 系统中，Agent 可用的信息可能是不正确和 / 或不完整的。信念是通过感知环境的状态和与其他 Agent 的交流等方式获得的。Agent 的要点是它将采取动作以便改变环境状态，从而实现其目标，或者与其他 Agent 或环境元素进行互动。

环境维度。在环境维度中，工作空间的概念被用来定义环境的拓扑或符号区域，这些区域由一组人工品和 Agent 填充。一个人工品通过一组操作（Agent 可以用它来执行动作）和属性（Agent 可以观察它来获得信念）代表一个真实的或概念性的环境资源。我们来回顾一下，环境实体不是自治的，也不像 Agent 那样是主动的。给定这些 Agent 实例所提供的属性，使用这些对系统中当前可用的人工品实例的操作，Agent 可以改变环境的状态，就像它们可以观察环境一样。人工品对于环境的模块化非常有用，使其成为动态的，人工品可以被 Agent 动态地创建和销毁。通过人工品，环境提供了一层软件抽象，以隐含的控制方式，通过共享资源支持 Agent 的交互。

组织维度。在组织维度中，小组的概念被用来为系统提供社会结构，为系统中预期的协调行为以及 Agent 必须履行的权利和义务的定义提供支持。在一个小组中，角色决定了小组内发生的互动和关系。它们也参与了以规范形式表达的权利和义务的定义。权利和义务的预期行为在社会计划（social plan）的定义中被表达为一组组织目标（organizational goal），社会计划是包含在社会方案（social scheme）中的目标分解树，由小组负责执行。当规范所表达的权利和义务得到履行时，一个社会计划能明确指出预期的协调实现的目标。当组织被强加给一个由 Agent 组成的社会时，在被分配的小组中扮演角色的 Agent 被要求一起工作，协调它们的动作，以便通过遵守与它们的角色相对应的规范所规定的权利和义务来实现系统的组织目标。

作为 MAOP 方法的一个关键方面，所有这些抽象都由运行 MAS 的平台（在我们的案例中是 JaCaMo）在运行时保持。因此，使用 MAOP 编程的软件系统可以以不同的方式进行动态的改变和重组，例如，通过在环境中运行时创建组织和人工品实例，或者 Agent 通过它们选择的角色加入和离开组织。这对于我们在当前现代系统中所需要的许多功能是很有用的，正如我们在本章中随后讨论的那样。

2.4 集成视图

因此，把这些维度放在一起对一个系统进行编程，就形成了一个多 Agent 系统，它是一组 Agent、一个环境和一组交互的组织，如图 2.5 所示。交互是面向多 Agent 的编程方法的一个重要方面。多 Agent 系统都是关于自治 Agent 之间的互动，它们相互沟通，并与环境互动，通过这些互动，它们还与规范和协调它们部分活动的组织互动。这些互动在系统执行的时候发生，图 2.5 展示了各维度之间的动态关系。

动态关系（见图 2.5）连接了 Agent、环境和组织三个维度，产生了一个封闭而丰富的循环，由属于不同维度的概念的互动实例组成。

Agent 可以选择与其他 Agent 沟通，在它们之间建立一种动态关系，使它们能够与其他 Agent 互动，特别是目前参加同一组织的其他 Agent，但不限于此。这种直接的 Agent 与 Agent 之间的互动方式是基于言语行为理论的，所以沟通被看作一种改变发送者和接受者 Agent 的心理状态（例如，信念和目标）的行动。因此，与分布式计算中的其他通信方法相比，这种互动相当特殊。这将在第 4 章中详细讨论。

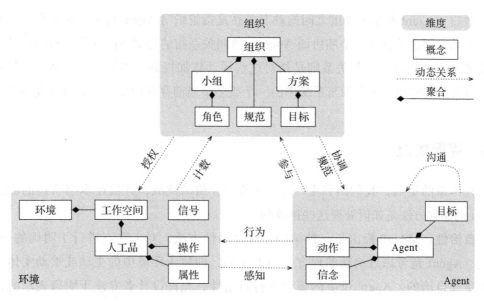

图 2.5　MAOP 维度的概念实例之间的动态关系

　　多 Agent 系统中的交互并不限于 Agent 与 Agent 之间的交流，它也发生在 Agent 与环境之间。如前所述，Agent 可以感知（即观察或感知）位于环境中的人工品，并对该感知做出反应。Agent 也可以对人工品采取行动以改变其状态。在一个工作空间内，Agent 和人工品是相互可见的，尽管 Agent 可以随意忽略或关注特定的人工品，以帮助扩展性。Agent 与环境以及其他 Agent 互动。通过环境，Agent 可以间接地在它们之间互动。例如，一个 Agent 在一种门人工品中执行开门的动作，该人工品被另一个 Agent 观察到，该 Agent 感知并将其表示为对环境的信念，并可能触发一个导致 Agent 进入房间的目标。

　　环境状态的变化也可以算作组织状态的变化。为了支持 Agent 的联合工作，一个组织需要关注 Agent 在环境中的行为。例如，如果两个 Agent 的任务之间存在依赖关系，当第一个任务被认为是通过环境状态实现了某种目标时，组织可以要求负责第二个任务的 Agent 参与某种行动过程，以便按照它之前的承诺执行第二个任务。这是组织可以规范和协调 Agent 活动的方式之一。反之，将组织维度实例化的组织可以通过允许它们控制和调节 Agent 的行动或感知来赋予环境中的元素权力。这种动态关系是将组织置于环境中的一种实际方式，正如发生在 Agent 身上的那样，以一种特定的方式调节环境的某些部分（例如十字路口的交通灯），并在其他部分以不同的方式进行规范。

最后，Agent 和组织维度之间的动态关系是指组织对 Agent 可能产生的影响：它们可以为动态创建的任务调节和协调 Agent。协调关系指的是对 Agent 所进行的活动之间的依赖关系的管理。调节关系则是指对这些活动施加控制。当然，由于 Agent 是自治的，只有当它们积极选择参与系统中的一个或多个当前存在的组织时，这才能发生。

2.5   克服挑战

在本章的最后，我们回到上一章 1.2 节中介绍的挑战，并概述本书所述的面向多 Agent 的编程方法是如何处理这些挑战的。

自治性。MAOP 提出了一种结构化的自治性方法，对关注点进行了明确的分离。首先，Agent 是考虑自治性的地方，而人工品，即位于环境中的主动或被动实体，被认为是非自治的。Agent 维度的概念支持自治性，允许设计者专注于明确表示的目标和 Agent 推理实现这些目标的最合适的行动方案。此外，各种人工智能技术可以直接插入到 Agent 架构中，以增加自治性。Agent（自治实体）和人工品（非自治实体）之间的这种关注点分离，在定义组织时具有重要意义，该组织使用针对自治实体的协调和调节模式的抽象概念。它允许多个自治实体协调它们的行动，从而在某种意义上驯服它们的自治性，使系统能够协调一致地工作。因此，MAOP 支持自治系统的编程，其 Agent 维度涉及自治实体本身的定义，环境维度针对共享实体的定义，这些实体是自治实体的感知来源和行动目标，最后，组织维度表达了共享环境中自治实体的必要控制。

去中心化和分布式。交互是 MAOP 的一个核心机制。它促进了自治实体之间的松散耦合，从而确保了开发和部署去中心化系统的可能性。一方面，通过言语行为在 Agent 之间使用复杂的直接互动，使自治 Agent 能够对其他自治 Agent 采取动作。另一方面，间接互动的使用允许 Agent 的独立性，使用环境作为它们之间互动的共享媒介。使用允许对协调和调节模式进行指令性编程的组织，就有可能控制和构造这种去中心化的系统。即使这些模式是在 Agent 之间共享的，也没有引入中央控制点。决策过程可以保持去中心化的状态。组织解决了软件开发的新挑战：能够处理大量自治 Agent（包括软件和人类）的工作协调，并保持这种协调的去中心化。

作为对去中心化的补充，MAOP 方法提供了许多分布式的机会。由于关注点分离所促进的模块化，在 MAOP 视角下，可以考虑的模块化组件除了环境维度的 Agent、工作空间和人工品外，还有组织维度的组织、小组和方案。因此，分布式可能涉及在不同机器上运行的 Agent、工作空间、人工品、组织、小组、方案和其他组件。具有多个运行 Agent 的多个组织和环境的各个部分可能分布在不同的计算平台上，这也有助于支持可扩展性，可以说是现代计算的"圣杯"。

开放性。通过 MAOP 方法解决开放性挑战，有助于识别和构建对 Agent（如 Agent 的进入/退出）、环境（如人工品的创建/删除和工作空间的拓扑结构）和组织（如组织中的协调或监管模式的变化以及组织的创建/删除）等方面的各种演变的适当答案。在 MAOP 中，Agent、人工品、工作空间和组织以及它们的小组和方案是为了在运行时由 Agent 自己创建、发现和可能地处置。这是 MAOP 支持 Agent、环境和组织的动态可扩展性（除了模块化）的一个基本方式。例如，一个新的 Agent 能够适应系统在 Agent、人工品和组织方面的各种相互作用所产生的全局功能。Agent 可以应对不完整的知识和控制，可以与其他 Agent、环境的人工品或在设计或部署时不知道的组织的规范进行互动。系统可以根据一个 Agent 的故障或关闭来调整其整体功能。它可以为处理任何数量的 Agent 做好准备。环境和它的人工品可以通过部署新的人工品，逐步发展和整合新的功能（例如，存储和处理资源）。组织可以根据 Agent 采取的行动，演化和整合新的规范、新的社会计划和新的结构。

面对由系统初始化时可能未知的实体引起的持续演变，MAOP 方法提供了各种手段来支持和确保系统的一致性行为。组织的明确和声明性表示有助于调节和控制这种开放系统，将行为边界定义为与系统中使用的协调和调节策略相对应的可接受行为。除了这种软控制，环境抽象限制了通过人工品在物理环境中可以进行的行动的范围。它们有助于定义行为边界，作为可能的行为，对共享存储和处理人工品所提供的行动以及监测和发现系统实体的机制做出反应。因此，有可能确保 Agent 产生的行为，即使是由多 Agent 系统的利益相关者以外的利益相关者开发的，也属于可能和可接受的行为集。从另一个角度看，它也支持在不改变 Agent 的情况下改变和调整协调及监管策略或存储及处理单元。

异构性。每一个面向多 Agent 的建模维度都引入了定义各种模块的手段，这些模块在系统层面上引入了异构性的表示和动态性，有可能是由不同的人编程的，或者确实代表了不同的、可能是竞争的公司的利益。

一般来说，一个系统中的 Agent 有不同的能力，可能有不同的架构，还有其他的区别。人工品封装了不同的资源，这些资源可能是物理的或数字的。组织表达了各种不同的协调和监管模式。因此，通常情况下，沿着 MAOP 方法的 MAS 是高度异构的。

如前所述，为了面对异构性，互操作性是一个追求的属性。根据 IEEE 的说法，

"互操作性是指两个或多个系统或组件交换信息并使用已交换的信息的能力"（Geraci 等人，1991）。已经提出了互操作性一般概念的几个变体（例如，Morris 等人，2004；Tolk 和 Muguira，2003），将其扩展到更广泛的关注点：考虑到技术和商业的互操作性水平，任何实体（无论是人类、软件、事物或混合人群）之间的互动都需要一个共同或共享的环境概念以及用于组织和管理该环境的概念。

正如 1.2 节所述，异构性通常与不同系统的互操作性问题有关。在 MAOP 中，互操作性问题被确定下来，并根据 MAOP 每个维度之间的接口进行分割。这包括以下例子：

- ❑ **Agent-Agent** 它定义了用于异构 Agent 之间直接互动的通用通信语言。
- ❑ **Agent- 组织** 它定义了组织表示，使 Agent 能够阅读、采取动作和推理有关管理其行为的协调和调节模式。
- ❑ **Agent- 环境** 它定义了明确的使用手册，其中包括环境中的人工品中可用的动作和感知曲目，使 Agent 能够阅读、使用并推理可用的动作。

适应性。对于适应性的挑战，MAOP 方法允许设计者识别和解决发生在多 Agent 系统中的不同时间和时间尺度的问题：由行动和感知组成的短期重复性活动将 Agent 与它们的环境联系起来，长期活动对应于 Agent 中的目标管理，以决定它们的动作，以及中期活动代表组织定义的战略和政策，控制和调节 Agent 中目标和决策的管理，从而在共享环境中采取动作。

所采用的 Agent 编程模型是基于信念 – 欲望 – 意图（Belief-Desire-Intention，BDI）架构的，它允许根据环境选择和采用不同的计划来实现同一目标，这使得开发环境感知行为变得简单明了。计划的执行可以动态地中断，例如，在失败或环境变化的情况下，需要采取不同的策略，甚至是不同的目标。

使用头等抽象来表示、模块化和操纵环境，使 Agent 有可能自己决定调整要用来实现其目标的资源和工具集。

环境和组织维度的结合带来了组织层面的环境意识和适应性。对于 Agent，现实世界环境的状态可以被视为有价值的，因为它可以触发或阻碍监管或协调模式。表示目前正在参与可用组的特定 Agent 集（即主动决定在组织的特定组中采用角色的 Agent）有助于处理对系统（特别是组织）的全局协调和监管模式的上下文意识。此外，组织对 Agent 参与的相互关联的结构中正在发生的事情有明确的表述，即组织的当前状态，因此 Agent 可以相应地采取动作。

可解释性。即使是可解释性，MAOP 方法也允许在不同的层面上处理它，从微观

层面到宏观 / 全局。例如，由于明确的目标表示，基于 Agent 的系统被开发出来，从而可以根据需要向用户解释个别 Agent 的行动路线的特殊选择，这在我们处理自治系统时是非常重要的。同样，组织提供了监管和协调方案以及权力和通信结构的明确表示，这可以作为解释集体自治系统的全局结构以及其全局运作的基础。

人工智能集成。正如 1.2 节所指出的，人工智能集成是在不可预测和不断变化的环境中开发自治系统的一个重要因素。在这种情况下，MAOP 提供了一种规范的方法来嵌入和利用人工智能技术。特别是，本书采用的 Agent 编程模型是基于 BDI 模型 / 架构的，文献的研究贡献描述了整合技术的扩展，如规划和强化学习。然而，人工智能也可以作为一种服务引入，被包装成环境资源（人工品），Agent 可以利用它来处理特定的任务（例如，语音识别）。除了个体层面，还可以在 MAS 层面上考虑规划和学习，例如，实现文献中描述的多 Agent 规划和多 Agent 强化学习策略。第 11 章对这些研究方向进行了概述。

2.6 小结

在这一章中，我们首先介绍了多 Agent 系统，作为本书中用来建模和设计软件系统的参考范式，然后我们概述了面向多 Agent 编程的关键思想，这是一种用于开发 MAS 的多维编程方法。然后，我们回到了第 1 章中讨论的一些主要挑战，即 MAS 所适合的应用和系统的类型，总体上讨论了 MAOP 的关键思想如何有效地解决这些复杂问题。在本书的其余部分，我们从 Agent 维度（第 4 章）开始，深入研究 MAOP 的理论和实践。在此之前，在下一章中，我们要开始使用 JaCaMo，这个平台被用来编写和运行本书中出现的例子和程序。

2.7 参考资料

从事 Agent 和多 Agent 系统的研究团体相当广泛，与来自（分布式）人工智能、认知科学、机器人学、软件工程、仿真等不同的现有团体相关。该研究领域的主要研讨会是国际自治 Agent 和多 Agent 系统会议（AAMAS），该会议成立于 2002 年，是由自治 Agent 会议（专注于单个 Agent）、国际多 Agent 系统会议（ICMAS）（专注于多 Agent），以及 Agent 理论、架构和语言（ATAL）系列研讨会（专注于编程和开发 Agent 系统的理论和实践）共同组成。在 AAMAS 背景下组织的一些研讨会明确地集中在

MAS 的编程和工程方面，特别是编程 Agent 和多 Agent 系统（ProMAS），面向 Agent 的软件工程（AOSE），以及声明式 Agent 语言和技术（DALT）。2012 年，这三个研讨会在一个名为工程 MAS（EMAS）的活动中共同努力。这些研讨会的论文集作为人工智能的讲义（LNAI），由 Springer 出版。

对该领域进行广泛介绍的参考文献包括 Weiss（1999）、Wooldridge（2009）和 Ferber（1999）。另一本提供更多博弈理论观点的参考书是 Shoham 和 Leyton-Brown（2008）。有些书更注重工程和编程方面，比如本书。Sterling 和 Taveter（2009）以及 Padgham 和 Winikoff（2004）对面向 Agent 的建模和设计进行了处理，而 Bordini 等人（2009）则对多 Agent 编程方法进行了广泛收集。关于特定的面向 Agent 的编程平台和技术的书籍包括 Bordini 等人（2007）关于使用 Jason 的 BDI Agent 编程和 Bellifemine 等人（2007）关于使用 JADE 开发多 Agent 系统。

最后，文献中的一些研究论文提供了关于 MAS 和 MAOP 的大致情况。我们认为以下是与本书主题相关的简短选择。Jennings（2001）介绍了用于构建复杂软件系统的 Agent 范式。Wooldridge 和 Jennings（1995）对有关智能 Agent 的理论和实践的要点进行了概述。Iglesias 等人（1999）和 Bordini 等人（2006）分别提供了关于面向 Agent 的方法和 MAS 的编程语言与平台的综述——尽管它们不是最近的，但从历史的角度来看，它们仍然是有价值的参考资料。在建模、编程和工程 MAS 中采用多维方法的想法最早是在 Vowels 分解范式中提出的（Demazeau，1995）。Boissier 等人（2013，2019）对面向多 Agent 的编程和多个编程维度的整合进行了概述。

关于 Agent 和 MAS 编程方面的进一步参考和建议，将在讨论具体主题的后续章节中给出。

CHAPTER 3

第 3 章

新手入门

在这一章中，我们介绍了 JaCaMo，这是本书中采用的特定平台，用于面向多 Agent 的实践编程。这个平台支持基于上一章介绍的抽象概念的实际编程：对位于共享环境中的有组织的 Agent 进行编程。JaCaMo 建立在已经开发多年的三个现有平台之上（Boissier 等人，2013，2019），即用于对 Agent 编程的 Jason（Bordini 等人，2007），用于对环境编程的 CArtAgO（Ricci 等人，2009）和用于对组织编程的 Moise（Hübner 等人，2007）。

在本书的配套网站 http://jacamo.sourceforge.net/book 中可以找到源文件，本书中的所有例子都来自这些文件。网站中还介绍了如何运行这些系统。读者应该按照本章的要求运行代码，以熟悉平台的使用，以便更好地掌握书中的知识。然而，在这个实践教程中，与其下载示例文件，读者可能更愿意通过简单地按照创建新应用程序的说明进行交互式操作。

经典的"你好 – 世界"的例子在本章中有一个多 Agent 的版本。我们从可以用 JaCaMo 编写的最简单的应用程序开始，并对其进行改进，以逐步展示该编程语言和平台的一些最重要的应用。

创建、编辑和运行 JaCaMo 应用的说明可在网址 http://jacamo.sourceforge.net/doc/install.html 找到。

3.1 单一 Agent 的"你好 – 世界"的例子

我们从一个系统开始,这个系统有一个单一的、非常简单的 Agent,它用 Jason 编写,只是使用以下的计划(并存储在一个名为 hwa.asl 的文件中)打印出一条消息:

```
+!say(M) <- .print(M).
```

这个计划(plan)可以理解为"无论何时我有目标 !say(M),可以通过打印变量 M 的值来实现它"(M 是一个变量,因为它以大写字母开头)。

为了运行 Agent,JaCaMo 使用应用程序文件(其名称以 .jcm 结尾)。在我们的例子中,应用文件是 sag_hw.jcm,我们给了 Agent 一个名字(bob)和一个初始目标(say("Hello World"))。这个文件的内容,在图 3.1 中以图形表示,如下所示:

```
mas sag_hw {                        // MAS 由 sag_hw 定义
  agent bob: hwa.asl {              // bob 的初步计划在 hwa.asl 里
    goals: say("Hello World")  // bob 的初步计划
  }
}
```

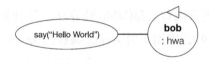

图 3.1 单一 Agent 的"你好 – 世界"的配置

执行的结果是:

```
JaCaMo Http Server running on http://192.168.0.15:3272
[bob] Hello World
```

为了更好地理解输出,执行应用程序文件(.jcm)的步骤如下:

1. 创建一个名为 bob 的 Agent,其初始信念、目标和计划由名为 hwa.asl 的文件内容决定。

2. 目标 say("Hello World") 被委托给 bob,创建事件 +!say("Hello World")。

3. 文件 hwa.asl 中的规划,如前所示,被触发并用于处理该事件。

4. 计划的执行产生输出 [bob] Hello World,作为执行内部动作 .print 的结果。

5. Agent 继续运行,但无事可做,因为它是系统中唯一的 Agent,自身没有产生任何进一步的目标,也没有产生可能导致其进一步动作的环境变化。

6. 如执行输出所示，有一个 URL 可以检查 Agent 的当前状态（其中包括它们的信念、意图和计划），我们随后看到，环境和组织也是如此。

3.2 多 Agent 的 "你好 – 世界" 的例子

我们现在有两个 Agent，bob 和 alice。Agent bob 打印 " Hello"，alice 打印 " World"。为了从相同的代码中创建两个 Agent（就像前面的例子一样，只有一个计划），我们可以使用下面的应用程序文件：

```
mas mag_hw {
    agent bob: hwa.asl {
      goals: say("Hello")
    }
    agent alice: hwa.asl {
      goals: say("World")
    }
}
```

然而，执行的结果可能是这样的：

```
[alice] World
[bob] Hello
```

Agent 可以同时运行，异步地追求它们的目标，因此这个初始实现不能保证打印消息的顺序。需要做出一些协调，以使 bob 先打印，alice 后打印。我们可以通过 bob 在其消息被打印出来后立即向 alice 发送消息来解决这个问题（见图 3.2）。新程序如下（将包含在一个名为 bob.asl 的文件中）：

```
+!say(M) <- .print(M);
            .send(alice,achieve,say("World")).
```

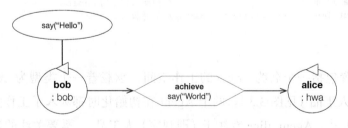

图 3.2　通过沟通进行协调

通过向 alice 发送一条 achieve 消息，bob 将目标 say("World") 委托给 alice。她使用计划 +!say(M) <- .print(M). 来实现这个目标，如前所述。

因为 alice 的目标现在来自 bob，而不是系统初始化，所以应用程序文件必须做如下修改：

```
mas mag_hw {
    agent bob { // 使用 bob.asl 文件
      goals: say("Hello")
    }
    agent alice: hwa.asl
}
```

3.3 "你好 – 世界"的环境

这个例子现在考虑了一个有黑板人工品的环境，作为 Agent 可以用来写消息和感知写在上面的消息的黑板。在这个版本的"你好 – 世界"的例子中，bob 在黑板上写了一条消息"你好"；而正在观察黑板的 alice 在获得"你好"这个消息已经被写下的信念后，立即写下了"世界"这个消息。

环境被结构化为工作空间（workspace）；一个工作空间内的所有 Agent 都可以共享访问该工作空间内的所有人工品实例。在应用程序文件中，我们可以指定在 MAS 生成时要创建的初始人工品和工作空间的集合。在这种情况下，sit_hw.jcm 文件如下：

```
mas sit_hw {
  agent bob {
    join: room                      // bob 加入工作空间 toolbox
    goals: say("Hello")
  }
  agent alice {
    join: room                      // alice 也加入工作空间 toolbox
    focus: room.board               // 并且关注黑板人工品
  }
  workspace room {                  // 创建工作空间 toolbox
    artifact board: tools.Blackboard // 和黑板人工品
  }
}
```

最初的配置包括一个名为 room 的工作空间，承载着一个类型为 tools.Blackboard 的黑板人工品（见图 3.3）。两个 Agent 在初始化时都加入了工作空间 room，以便访问黑板人工品。Agent alice 专注于（即观察）人工品。⊖需要关注的是，Agent alice 要注意该人工品的可观察属性的变化：当有东西写在黑板上时，下次 alice 感知环境时，

⊖ 事实上，Agent 可以动态地决定加入哪些工作空间和关注哪些人工品；在这种情况下，加入工作空间和关注人工品的动作出现在 Agent 的源代码中。这将在第 5 章中详细介绍。

将自动创建与观察到的人工品属性相对应的信念，然后她可以对其做出反应。

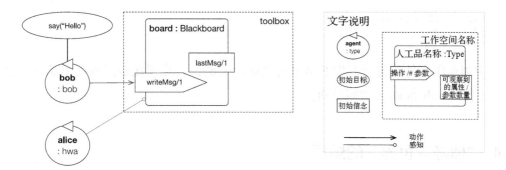

图 3.3　使用环境进行协调

人工品是用 Java 实现的。简单黑板人工品的源代码（在文件 Blackboard.java 中）如下所示：

```java
package tools;
import cartago.*;

public class Blackboard extends Artifact {
  void init() {
    defineObsProperty("lastMsg","");
  }
  @OPERATION void writeMsg(String msg) {
    System.out.println("[BLACKBOARD] " + msg);
    getObsProperty("lastMsg").updateValue(msg);
  }
}
```

Java 类被用作定义人工品的模板，使用注释方法来定义人工品的操作，以及由人工品 API 继承的预定义方法来处理可观察属性和其他人工品机制。

在这种情况下，bob 的源代码变成了

```
+!say(M) <- writeMsg(M).
```

```
{ include("$jacamoJar/templates/common-cartago.asl") }
```

也就是说，Agent 使用人工品提供动作 writeMsg，用于在黑板上写下消息。include 指令将一些有用的计划加载到 bob 的计划库中。alice 的源代码是：

```
+lastMsg("Hello") <- writeMsg("World!").
```

```
{ include("$jacamoJar/templates/common-cartago.asl") }
```

Agent（正在观察黑板）一旦相信写在黑板上的最后一条消息（通过 lastMsg 可观察属性来观察）是"你好"，就会写下消息"世界"。

[alice] 加入工作空间 room
[alice] 关注黑板人工品（在工作空间）
使用默认名称空间
[bob] 加入工作空间 room
[黑板] 你好
[黑板] 世界!

应用程序文件的执行产生的结果与之前的类似，只是现在是黑板人工品打印出消息，不需要 bob 和 alice 之间的通信。

3.4 "你好 – 世界"的组织

我们现在组织这组 Agent 来产生"你好 – 世界"消息。正如前一章所介绍的，组织可以用来调节和协调 Agent。虽然这个例子很简单，但使用组织有利于改变指定的协调和调节模式。在我们的例子中，协调模式被用来实现目标 show_message，这个目标应该由两个 Agent 一起工作来实现，因此是一个集体目标。为了将这样的目标与 Agent 目标区分开来，我们称其为组织目标。

我们使用一个社会方案来编程 show_message 组织目标如何被分解为分配给 Agent 的子目标（见图 3.4）。对于分解，show_message 目标对消息的每个字都有一个子目标。为了把它们分配给 Agent，我们创建了任务，在这种情况下，每个子目标都

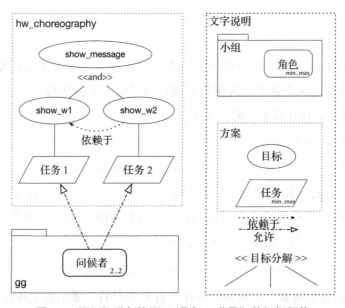

图 3.4　按组织进行协调："你好 – 世界"的组织规格

有一个任务。为了参与方案的执行，Agent 应该致力于一项任务，并实现该任务的相应目标。致力于完成一项任务是对集体执行计划的 Agent 小组的一种承诺。"我承诺，当需要时，我将完成我的那部分任务。"当 Agent 实现所有任务时，该方案可以确保，至少在原则上，我们有足够的 Agent 来完成所有需要的子目标。

这个组织实例还定义了一个所有 Agent 将扮演的单一角色：在由 gg[代表问候组（greeting group）] 标识的组类型中扮演角色问候者（greeter）。扮演这个角色的 Agent 组（而且只有它们）被允许承诺执行该方案的任务。

这个组织的实现是用 XML 写的，如下所示：

```
1    <?xml version="1.0" encoding="UTF-8"?>
2
3    <organisational-specification
4      id="hello_world"
5      os-version="0.8"
6
7      xmlns='http://moise.sourceforge.net/os'
8      xmlns:xsi='http://www.w3.org/2001/XMLSchema-instance'
9      xsi:schemaLocation='http://moise.sourceforge.net/os
10                         http://moise.sourceforge.net/xml/os.xsd' >
11
12   <structural-specification>
13     <group-specification id="gg">
14       <roles>
15         <role id="greeter" max="2"/>
16       </roles>
17     </group-specification>
18   </structural-specification>
19
20   <functional-specification>
21     <scheme id="hw_choreography">
22       <goal id="show_message">
23         <plan operator="sequence">
24           <goal id="show_w1"/>
25           <goal id="show_w2"/>
26         </plan>
27       </goal>
28
29       <mission id="mission1"  min="1" max="1"> <goal id="show_w1"/> </mission>
30       <mission id="mission2"  min="1" max="1"> <goal id="show_w2"/> </mission>
31     </scheme>
32   </functional-specification>
33
34   <normative-specification>
35     <norm id="norm1"  type="permission" role="greeter" mission="mission1"/>
36     <norm id="norm2"  type="permission" role="greeter" mission="mission2"/>
37   </normative-specification>
38
39   </organisational-specification>
```

Agent 扮演角色 greeter，并承诺完成任务，展示它们的话语（bob 展示"你好"，alice 展示"世界"）。每个 Agent 都有自己的任务 / 目标 / 拟展示的词。如图 3.4 所示，一个 greeter 被允许承诺任何任务，但我们不希望所有 Agent 都承诺它们可能完成的所有任务。为了解决这个问题，每个 Agent 都有一个关于它应该承诺的任务的信念。对于 bob 来说，这些信念是 my_mission(mission1)，对于 alice 来说是 my_mission(mission2)。投入任务的决定由以下计划来实现：

```
1   // 在方案 S 中，当组织允许我承诺一个任务 M 时，
2   // 如果它符合信念 my_mission,
3   // 那么就这么做
4   +permission(A,_,committed(A,M,S),_)
5      :  .my_name(A) &  // 给我的承诺
6         my_mission(M) // 我的任务是 M
7      <- commitMission(M).
```

第 4 行的符号 + 表示"在相信……的情况下"；: 后面的代码是关于 Agent 认为的当前情况的条件，这是计划使用的必要条件；<- 后面的代码是"行为"（如要执行的动作和要实现的目标）。因此，这个计划是通过增加一个信念来触发的，即 Agent A 在计划 S 中拥有承诺任务 M 的许可。如果 Agent 信念 my_mission(M) 中的变量 M 的值与允许的任务 M 相匹配，则该计划适用于该事件，Agent 执行承诺任务 M 的动作。

社会方案的叶子目标应该由 Agent 来实现，所以它们有这方面的计划：

```
9    // 当我有一个目标 show_w1,创建一个子目标 say(…)
10   +!show_w1   <- !say("Hello").
11   +!show_w2   <- !say("World").
12
13   +!say(M) <- writeMsg(M).
```

第 10 行的符号 +! 可以理解为"在有新目标的情况下……"。同一行的代码 !say(...) 创建了一个新的子目标。关于 permission 信念，目标 show_w... 来自于组织。考虑到计划的当前执行状态和 Agent 的承诺，组织会告知 Agent 它们必须追求的目标。在这个例子中，所有参与组织的 Agent 都有所有 show_w 目标的计划；Agent 有显示两个词的技能，它们显示哪个词取决于它们承诺的任务。

简而言之，Agent 有计划对组织产生的事件（新的许可和新的目标）做出反应，并且不需要通过通信明确地在它们之间进行协调；也就是说，bob 不需要再向 alice 发送消息。环境也不需要支持协调。

这个"你好 – 世界"的实现的应用文件如下：

```
1   mas hello_world {
2     agent bob : hwa.asl {
3       focus: room.board
4       roles: greeter in ghw          // bob 的初始角色
5       beliefs: my_mission(mission1) // 初始信念
6     }
7     agent alice : hwa.asl {
8       focus: room.board
```

```
 9      roles: greeter in ghw
10      beliefs: my_mission(mission2)
11    }
12    workspace room {
13      artifact board : tools.Blackboard
14    }
15    organisation greeting : org1.xml {
16      group ghw : gg {
17        responsible-for: shw
18      }
19      scheme shw : hw_choreography
20    }
21  }
```

和以前一样，这个文件有 Agent 和 workspace 的条目，但现在增加了一个组织块。在第 15 行，根据描述组织中可用的组和方案类型的 XML 文件，创建了一个组织实体。在第 16 行创建了一个组实体（用 ghw 标识），在第 19 行创建了一个方案实体（用 shw 标识）。第 17 行指出，组 ghw 为方案 shw 的执行提供 Agent。第 4 行和第 9 行给我们在 ghw 组中的 Agent 分配了 greeter 的角色[⊖]。第 5 行和第 10 行在 Agent 中增加了关于它们应该承诺的任务的信念。

应用程序文件（.jcm）的执行情况如下：

1. 工作空间 room 和人工品 board 被创建。

2. 创建组 ghw 和方案 shw，并进行链接（responsible-for）。

3. Agent bob 和 alice 被创建，并加入工作空间 room。

4. Agent 被分配为角色 greeter。

5. 通过扮演这个角色，它们开始生成如下信念：

```
permission(bob,_,committed(bob,mission1,shw),_)
permission(bob,_,committed(bob,mission2,shw),_)
permission(alice,_,committed(alice,mission1,shw),_)
permission(alice,_,committed(alice,mission2,shw),_).
```

6. 这些信念的加入触发了它们的第一个计划，它们承诺完成它们的任务。图 3.5 中显示了系统的整体状态。

7. 当 Agent 致力于它们的任务时，方案 shw 有足够的 Agent 来执行，而目标 show_w1 最终可以被实现。

8. Agent bob，致力于任务 1，被告知目标 show_w1 可以被采纳，它也这样做了；消息"你好"被写在黑板上。

9. Agent alice 被告知要实现 show_w2，它也这样做了；消息"世界"被写在黑板上。

⊖ Agent 可以自己决定扮演的角色，这个特点将在第 8 章讨论。

10. 该方案完成。

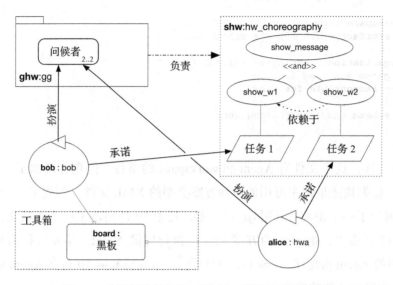

图 3.5   按组织进行协调："你好 – 世界"的组织实体

我们可以注意到一种协调的行为：单词总是以正确的顺序显示。此外，协调是在组织中实现的，而不是在 Agent 中实现的（Agent 中没有代码来协调它们的个别行动，从而使整个系统的行为符合预期）。

3.5   参考资料

自从 Shoham 在 1993 年提出 AGENT0 的开创性论文（Shoham，1993）以来，已经提出了几个平台和编程语言来实现 MAS。在 AGENT0 之后，一些编程语言也受到了 Agent 的心理学概念的启发；其中一些是 Jason（Bordini 等人，2007）、2APL（Dastani，2008）、GOAL（Hindriks，2009）和 ASTRA（Collier 等人，2015）。BDI Agent 模型也启发了一些框架，它们扩展了一些现有的语言来支持 Agent 编程 [例如，Jadex（Pokahr 等人，2005）和 JACK（Winikoff，2005）]。然而，Agent 编程并不完全基于 BDI 模型。例如，在 JADE 流行的平台中，Agent 是在行为模型的基础上编程的（Bellifemine 等人，2007）。除了提供 Agent 编程模型，大多数平台还帮助开发者在分布式网络中启动 Agent，管理其生命周期并支持其通信。这些功能通常遵循智能物理 Agent 基金会（FIPA）的标准（智能物理 Agent 基金会，2000）。

应该注意的是，所有引用的工具都集中在 Agent 维度上。其中一些工具认为环境是提供通信媒介的网络（如 JADE），而另一些工具则认为环境是外部的，因此包括集成机制（如 2APL、GOAL、Jason 和 ASTRA）。环境以及组织对它们来说并不是头等的抽象概念。这并不意味着其他维度不被社区所关注。例如，MAS 的环境可以用 MASQ（Stratulat 等人，2009）、GOLEM（Bromuri 和 Stathis，2008）和 CArtAgO（Ricci 等人，2010）这些工具来实现。组织的选择有 MadKit（Gutknecht 和 Ferber，2000）、KARMA（Pynadath 和 Tambe，2003）、AMELI（Esteva 等人，2004）、2OPL（Dastani 等人，2009）、ORA4MAS（Hübner 等人，2010）和 THOMAS（Criado 等人，2011）。然而，这些工具并不专注于 Agent 维度，通常在与 Agent 编程工具临时整合的基础上运行。

JaCaMo 是第一个将这三个维度作为一流的抽象概念进行整合的全功能平台。因为 JaCaMo 考虑了 Agent 的心理学模型，它可以将信念与可观察的属性相结合，或在传递信息和义务时将其与需要完成的目标任务相结合。尽管这一特性限制了我们对 Agent 进行编程的方式（我们在某种程度上被迫使用 BDI 抽象对 Agent 进行编程），但它允许各维度之间的协同整合。例如，JADE 不能实现 ACL 消息的语义，因为它的 Agent 模型没有信念或目标。程序员负责对告知消息的解释进行正确编码。在 JaCaMo 中，信息被自动解释：例如，接受的告知信息成为接收者的新信念。这个平台也成为其他平台的起点，例如，JaCaMo+ 在人工品之上实现了基于承诺的交互协议（Baldoni 等人，2016）。

对一般用于 MAS 编程的工具和语言的全面回顾，可以在（Bordini 等人，2005；Aldewereld 等人，2016）中找到。

3.6　练习

练习 3.1　改变"Hello-World"应用的三个版本的实现：通过通信协调（见 3.2 节），利用环境协调（见 3.3 节），通过组织协调（见 3.4 节）。这些改变包括：

a）增加一条新的消息，其中有三个单词："Hello Wondorful World"[⊖]，以及第三个 Agent 来处理新单词。[⊜]

b）按相反的顺序打印消息中的字。

c）并行打印消息中的字（提示：在定义组织规格的 XML 文件中，计划操作者的

⊖　原文为 Hello Wonderful World。——编辑注

⊜　指 Wonderful。——编辑注

选项是 Sequence（顺序）、Choice（选择）和 Parallel（并行））。

d）在消息被打印出来后，再一次打印消息。

对于这些变化中的每一个，评估哪个版本（通过 Agent 通信协调、使用环境协调或通过组织协调）是最容易实现的？

练习 3.2 改变 Agent，使其能够用不同的语言打印"Hello World"消息，并实现一个机制来轻松改变语言。

练习 3.3 在组织的规范性说明中，用 obligation 代替 permission，注意执行中的区别。

练习 3.4 在结构规范中，创建两个角色（考虑本章所做的"Hello World"的打印）或三个角色（考虑第一个练习中所做的"Hello Wonderful World"的打印），为消息中的每个词创建一个。

第 4 章

Agent 维度

在本章中，我们深入研究本书中考虑的第一个 MAOP 维度——Agent 维度的细节。我们首先回顾一下在前一章中给出的这个维度的总体情形。我们还旨在传达这个维度在面向多 Agent 编程环境中的重要性。然后我们来看 JaCaMo 框架中与这个维度相关的每个编程概念和抽象，需要注意的是，这些概念中的大多数在 MAOP 中使用得更为普遍。接下来，我们讨论了 Agent 执行模型，进一步解释了 Agent 相关的概念。我们以进一步的注释结束本章，包括一些历史注释，供对前沿技术发展感兴趣的读者参考。

4.1 简介

为了帮助我们回忆关于 Agent 的总体情况和这个维度中的主要概念，我们从图 2.3 中只选取了 Agent 维度，并将其显示在图 4.1 中。我们在编程 Agent 时采用的方法是基于 BDI 体系结构的（关于这个 Agent 体系结构的参考，请参阅 4.4 节）。

本质上，Agent 对环境的当前状态有信念，对其他 Agent 和组织的状态也有信念，并且有这样一个目标，它希望能代表自身（可能是它的设计者）所希望的环境的未来状态。基于这些（关于当前状态的信息和它想要达到的状态的表示）情况，Agent 进行推理，以做出为了达到这些理想状态而采取的最佳行动的决定。一个动作通常以某种预定的方式改变 Agent 所处的环境状态。

如图 4.1 所示，Agent 可以采取的一种特定类型的动作是通信动作，即允许一个 Agent 直接与多 Agent 系统中的一个或多个（也可能是所有）其他 Agent 通信的动作。MAOP 中的通信是基于言语行为理论的（我们在 4.4 节中将提到这个理论）。

在实践中，当一个 Agent 向另一个 Agent 发送消息时，除了代表一些知识、偏好或诀窍的实际内容外，还有一个明确的表示，即对发送消息的 Agent 而言，消息的预期目的，这反过来又使接收的 Agent 知道如何处理该消息内容。信息的预期目的是通过一个表述性动词来表达的，也就是说，像 tell、achieve 或 ask 这样的词，会影响接收 Agent 对消息内容的处理。

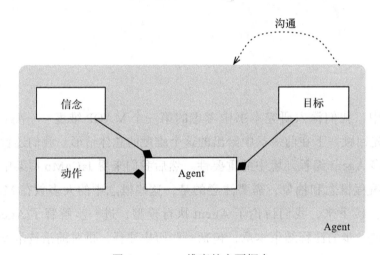

图 4.1　Agent 维度的主要概念

例如，如果一个 Agent 收到一条消息，其内容表达的是关于面包店里的 cake（蛋糕）已经 finished（完成）的属性，那么接收 Agent 接下来要做的事情将取决于与该消息相关的表述性动词。如果执行语是"tell"，接收者将知道发送者想让它相信蛋糕已经完成。如果执行语是"ask"，那么接收者将知道发送者希望它回答蛋糕是否已经完成。如果执行语是"achieve"，那么接收者将知道发送者希望它采取动作以完成蛋糕。

当然，在具有多个自治 Agent 的系统中，还需要进一步支持 Agent 间的交互。组织维度涵盖了其中的一些，在第 9 章中，我们将看到在实践中如何进行编程。我们还将在第 11 章讨论"论辩"等进一步的话题。

4.2　Agent 抽象

现在我们对图 4.1 进行扩展，形成图 4.2，以展示这个维度的所有概念。在下一节中，我们将讨论与 Agent 程序执行相关的概念，也就是特定于运行阶段的结构，而不是本书方法中用于编写自治 Agent 的抽象。

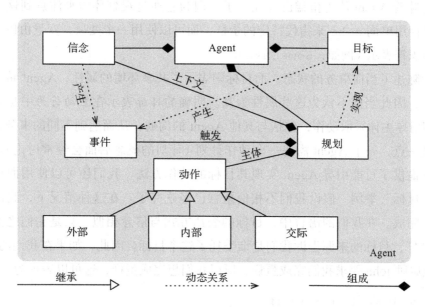

图 4.2　Agent 维度的概念

Agent 当前持有的关于其环境的信息，包括环境中其他 Agent 和 Agent 组织，被表示为一组信念。与其他编程语言中表达信息的方式相比，信念并没有什么特别之处。[注]信念这个词很有用，它提醒我们，对于实际的环境状态，Agent 通常可能拥有错误的信息；例如，应用领域涉及的环境经常以不可预测的方式不断变化，或者获取环境情况这类信息（例如通过传感器）可能是错误的或不准确的。此外，Agent 通常不能访问共享环境的当前所有可用信息。总之，信念这个词提醒我们，Agent 必须能处理不准确和不完整的信息。

在 JaCaMo 中，对于用于 Agent 维度的编程风格，我们使用字面含义编写信念，这在基于逻辑的编程中很常见。我们还使用方括号把注释括起来。这些可以用来存储信念的元信息，包括一个名为 source 的特殊注释，JaCaMo 使用它来跟踪信息的

⊖　请注意，本书中的方法使用了一种特别类似于逻辑编程语言的信息表示风格，但不一定类似于其他 Agent 编程语言。

来源［例如，在由 Agent 本身创建的思维记录情况下，来源可能是一个 Agent、一个 percept（感知）或 self（自我）的名称］。例如，如果一个 Agent 在其信念基础上有以下信念：

```
finished(cake)[source(percept)]
```

这意味着 Agent 认为蛋糕已经完成了，因为它通过观察环境来注意到这一点。注意，不是使用单词 cake 来指代特定的蛋糕，而可以使用一个变量，变量由以大写字母开头的标识符表示（例如，SomeCake）。

信念陈述了当前事务的状态，而目标则表示了共享环境的属性，Agent 希望这些属性变成真，因此当前不认为这些属性为真。明确的目标表示在主动行为中是非常重要的：它们引导主体采取动作，包括与其他 Agent 的沟通，从而达到不同的事务状态。为了做到这一点，一个 Agent 需要一个动作计划（计划的概念后面会经常讨论）。换句话说，计划提供了可能引导 Agent 实现其目标的动作方法。我们还可以使用面包房的场景来对"目标"举例。假设我们不相信蛋糕已经吃完了。在这种情况下，我们现在可能希望它完成。在我们的语言中，目标的表达方式与信念相似，只是它们之前有一个感叹号"!"，目标的来源告诉我们是谁委托了这个目标。因此，如果在我们的例子中，由于糕点厨师 john 要求我们完成蛋糕，所以我们想完成蛋糕，这可以表示为：

```
!finished(cake)[source(john)]
```

除了主动行为，我们还希望我们的 Agent 表现出反应行为。如果一个 Agent 正在代表我们追求某个目标，我们就需要这个 Agent 关注环境中正在发生的事情，因为环境中其他 Agent 的动作可能会阻止或帮助 Agent 实现它的目标。规避问题和利用新机会对 Agent 展现智能行为很重要。一个事件可能代表以下两种不同事物中的一个：Agent 目标的改变或 Agent 信念的改变。前者与主动行为有关，而后者对反应行为很重要。还请注意，我们正在讨论改变，以便一个事件能反映例如 Agent 有一个新的目标要实现，或它不再持有一种特定的信念。正是这样的更改（添加或删除）导致 Agent 实际执行计划。例如，事件

```
-finished(cake)
```

意味着 Agent 不再相信蛋糕已经完成（例如，因为 Agent 意识到蛋糕上掉了一块装饰物，因此可能希望对该事件采取行动），而事件

```
+!finished(cake)
```

表示 Agent 刚刚采用了一个新的目标，来达到 Agent 相信蛋糕已经正确完成的状态。

达成目标的声明化与过程化使用

通常情况下，达成目标应该以被声明化的方式编码；也就是说，目标指的是 Agent 当前不认为为真的事实，如果目标实现了，Agent 将会认为相关的命题已经为真。例如，`!finished(cake)` 就是被声明化描述。Agent 的目标是完成蛋糕，因为它不相信蛋糕已经完成了。在完成所有的工作之后，希望 Agent 会看看蛋糕，看到它现在已经完全完成了，这样它就会开始相信 finished(cake)。然而，我们的 MAOP 方法并不要求以这种方式编程目标。我们还可以以过程化的方式使用它们，将其作为希望 Agent 执行的一系列动作的名称。例如，假设我们有一个搅打奶油的过程，厨师只是想让一个 Agent 按照指定过程操作；如果奶油最后没有得到充分搅拌，会用其他方法来解决这个问题。如果 Agent 对 !whip_cream 有一个计划，厨师可以简单地将达成目标委托给辅助 Agent。当所有动作都被执行时，不管已实现的结果如何，请求的作业已经完成了。

计划是动作的方法，尤其是允许 Agent 实现它可能拥有的一个可能的目标、或者允许它对从共享环境的状态中感知到的机会或潜在问题做出反应的方法。也就是去计划处理与 Agent 相关的特定类型的事件。一个 Agent 在某一特定时刻所拥有的一系列计划构成了它的专有技术。从语法上讲，一份计划由三部分组成：

触发。计划的触发或触发事件明确地陈述了计划的目标或反应。自治 Agent 的软件架构会跟踪事件，也就是说，Agent 必须实现的新目标（例如，另一个计划需要它或另一个 Agent 请求它）和新信念需要 Agent 做出反应。在处理 Agent 体系结构的适当结构中所记录的未处理事件时，要考虑的相关计划是具有匹配触发的计划。例如，Agent john 有一个计划来处理这样一个事实，即它有一个完成蛋糕的目标的新实例，而面包师助理 Agent 有一个计划，当它们感知到 John 试图完成一个特定的蛋糕时做出反应。这些计划的触发部分将按如下写出：

```
+!finish(cake) : ...

+finishing(john, cake) : ...
```

上下文。处理同一事件可能有许多不同的计划。例如，要完成一个蛋糕，你可能需要准备好糖霜和装饰，然后完成蛋糕。但也许一个更健康的选择是在蛋糕的顶部涂一点生奶油，从而遵循简单的蛋糕装饰风格。同一目的的不同计划适用于不同的情况。

这就是计划的上下文告诉我们的。它是典型的由信念组合而成的，在为一个事件选择
动作计划时，Agent 被要求拥有这些信念：

```
+!finished(cake)
  : order(cake)[source(Client)] & lifestyle(Client, healthy)
  <- ...

+!finished(cake)
  : is_for(cake, wedding)
  <- ...
```

主体。计划的主体是动作的方法。通常，动作是 Agent 为了改变环境状态而执行
的一些操作（我们后面将介绍更多的关于动作的内容）。计划主体规定了 Agent 为了处
理触发计划的事件（例如新的目标实例或新获得的信念）而期望执行的动作。此外，复
杂的计划可能需要 Agent 在要采取的动作中实现（其他）特定目标。在我们查看计划中
可能出现的各种类型的动作之前，我们先总结一下上面的例子。John 的计划是：

```
+!finished(cake)
  : order(cake)[source(Client)] & lifestyle(Client,healthy)
  <- whip(cream);
     spread(cream,top);
     !have(decoration);
     decorate.

+!finished(cake)
  : is_for(cake, wedding)
  <- !have(marzipan);
     cover(cake,marzipan);
     !piping_decorated(cake).
```

第一个计划是，Agent 依次执行两个动作（搅拌和涂抹），只在蛋糕上放一些生奶
油。然后 Agent 将需要另一个计划，以达到获得所需装饰的目标，这反过来可能涉及，
例如，压碎坚果。最后，厨师执行装饰动作（假设 Agent 可以直接执行这个特定动作）。
第二个计划是做一个更漂亮的蛋糕，适合更正式的场合。它需要在整个蛋糕上覆盖杏
仁蛋白软糖，然后再使用管道技术来装饰蛋糕。

反过来，助理们有以下的计划（这是对一个观察到的事件的反应，而且始终适用）
以协助糕点厨师完成蛋糕的目标：

```
+finishing(john, cake) <- !assist_finishing(cake).
```

有了这个目标，这些 Agent 可能会采取动作，例如，以这样的方式，准备或带来
杏仁糖、糖霜、坚果等，到厨师工作的桌子上。当然，不同的任务需要协调，例如，
有些形式的糖霜不能在实际装饰前准备太久，因为它会变干。在本书的后续章节中，
我们将探讨如何最好地实现这种协调。

如前所述，动作是 Agent 可以执行的东西；动作有以下三种类型之一：

外部。这就是我们通常认为的 Agent 动作。外部动作是由 Agent 的效应器或引发器执行的，也就是说，是 Agent 用来改变其所处环境的特定手段。例如，如果 Agent 正在用手臂控制一个机器人，移动机器人的手臂是由底层的控制软件实现，是一个外部动作。外部这个术语强调这种类型的动作是在 Agent 推理之外实现的；Agent 推理的正是哪个动作将允许实现其自身的目标。

内部。与此相反，内部动作是在 Agent 架构中实现的，它允许 Agent（原子地）运行一些可用的代码片段作为其推理周期的一部分。例如，如果在某个点上 Agent 需要运行一些遗留代码或运行一段用传统编程语言编写得更好的代码（例如，一些图像处理代码），那么就会调用一个内部动作。然而，由于这些代码片段是原子化运行的，因此，应该要注意这样的动作不会阻塞推理周期（将在下一节中描述）；否则，Agent 对更改做出反应并同时执行各种其他动作，其计划的能力就会受到损害。

虽然内部动作指的是在一个 Agent 的推理周期内运行的任何代码，但有一种非常重要的内部动作类型，用于改变它的内部状态——更具体地说，改变决定一个自治 Agent 的思维记录的思维态度。例如，有一些内部动作可以用来让 Agent 放弃它试图实现的特定目标，或者实际上检查 Agent 正在追求的当前目标。但因为这些是用于高级的 MAOP，我们不在本章中举例说明它们。

交际。我们也可以单独描述交际动作，它允许 Agent 之间直接进行交流。如前一节所述，这些动作用于向其他 Agent 发送消息。受言语行为理论的启发，这些消息明确地代表了三种不同的事物：（1）应该接收消息的 Agent；（2）言语行为的语言效力，由表述性动词如"tell"或"achieve"明确表示；（3）消息的实际内容，如某些知识或专业诀窍。

这里还有一些其他的编程构造值得一提。除了达成目标，编程语言还有测试目标，这些目标用前缀？而不是！。该构造用于从计划主体的信念基础检索信息，以便检索到最新的信息。例如，假设我们需要检索我们认为是刚刚完成蛋糕的客户端的当前电话号码；然后我们可以有这样一个计划：

```
+!finished(cake)
  :   order(cake)[source(Client)]
  <- ...  ;
      ?phone(Client, Number);
      ...  .
```

代码行以？开始，查询 Agent 的信念库的当前状态，试图为实例化为变量 Client

的特定客户端找到一个数字。如果该信息在信念基础中不可用，那么可能会有一个计划告诉 Agent 如何获取这些信息。如果我们想把这些专业知识给我们的 Agent，我们可以这样写一个计划：

```
+?phone(Client, Number) : ... <- ...  .
```

另一个重要的特征是能够对信念进行推理。为此，也可以有类似于 Prolog 规则的推理规则，用于推理信念基中的信念，以及 Agent 认为是真的普通事实。例如，假设我们知道一个蛋糕不包含任何动物产品或来自伤害动物的公司的产品，那么我们可以得出结论，这是一个素食蛋糕。我们可以在 Agent 的信念中加入以下规则：

```
vegan(Cake) :- has_no_animal_products(Cake) &
               not (uses(Cake,Product) & produced_by(Product,Co) &
                    animal_harming(Co)).
```

注意，`has_no_animal_products(Cake)` 本身可能是来自另一个规则的结论，例如，该规则用于检查整个配料表。

4.3 Agent 执行

现在我们来看在运行时确定 Agent 行为的方式。Agent 重复地进行推理周期，从感知共享环境的状态开始，到选择要执行的特定动作结束，可能会改变环境的状态。图 4.3 显示了 Agent 推理周期的主要步骤。

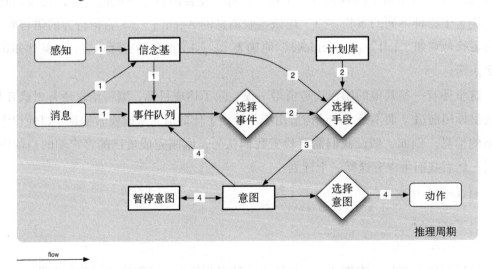

图 4.3 Agent 维度的推理周期——运行时间的概念

在描述这一推理周期的四个主要步骤之前，我们先简要地回顾一下图中所示的主要概念的定义以及其他一些相关概念。

感知是关于共享环境状态的一个符号化表示的信息片段。在现实世界中，感知通常来自传感器或摄像机。这些因素直接影响了 Agent 的信念，这在我们接下来对推理周期的讨论中是显而易见的。

消息是从其他 Agent 接收（异步）的通信片段。如前所述，消息可用于通知 Agent 某件事，请求 Agent 做某件事，或向 Agent 提供使其能够执行某件事的计划。像 Agent 推理周期的许多其他方面一样，可以为每个 Agent 定义一个函数，以便它只选择适当的消息（例如，来自 Agent 可以信任的源的消息或来自具有适当权限的源的消息）。Bordini 等人（2007，第 7 章）给出了更多细节。

信念基是一种结构，用于跟踪一个 Agent 当前可用的所有信息。这可以包括关于环境状态的信息（可以是由 Agent 本身感知的，也可以是由其他 Agent 通知的），关于其他 Agent 的信息，以及 Agent 在以前的内部状态中想要记住的关于自己的事情。信念基中的所有信念都带有一个标签，该标签明确地说明了该信念的来源。当信念来源于 Agent 自己的传感器收集的信息时，来源可以是一个感知。通过与其他 Agent 通信而创建的信念被注释为发送消息的 Agent 的名称。最后，来源可以是 Agent 本身（类似前面提到的思维记录）。对信念的注释也可以用于各种目的，如本书中更高级的例子所示。一个 Agent 程序通常至少有一些信念和一些计划。后者提供了 Agent 的初始知识，而编码中的信念形成了 Agent 信念基的初始状态（即，当 Agent 第一次开始运行时拥有的信念）。

事件队列跟踪所有实际发生的事件。回想一下，事件表示 Agent 思维状态的某些变化。例如，Agent 有一个要实现的新目标，或者信念源自一种感知，这种感知不再像前面的推理周期中认定为真，所以这种信念被自动删除了（这些只是有可能在事件队列中可能存在事件的例子）。

计划库保存着 Agent 的所有技术。它是计划的集合——通常是针对同一触发事件的不同计划。如上所述，为了达到相同的目标，例如，在不同的环境中可能会使用不同的计划。回想一下，Agent 程序不仅提供了信念基础的初始状态，而且还提供了计划库的初始状态。但是，请注意，Agent 可以在执行过程中更改其专业技术。而信念通常会不断改变，计划往往不会改变太多；但是，更改 Agent 计划库中的计划不仅是可能的，而且是相当容易的。Agent 可以通过通信交换计划，也可以使用人工智能规划技术创建新的计划（参见 4.4 节）。

给定一个特定的事件，如果计划的触发事件与该特定事件匹配，那么该计划就是相关的。如果给定 Agent 当前的信念，该计划的环境为真，则该计划称为可应用的。通常，Agent 可能对给定的事件有各种适用的计划。我们之前看到过一个例子，其中有两个不同的计划来完成一个蛋糕。如果你再次考虑这些计划，请注意，如果有一位拥有健康生活方式的客户即将结婚，这两种计划是如何对其适用的。还要注意的是，这两个计划都实现了相同的目标——完成蛋糕，但方式不同。显然，对于一个特定的蛋糕，只需要选择其中一个计划来执行。和信念一样，计划也可以有注释，它们的一个用途是在不同的计划都适用于当前环境时帮助选择计划。

当 Agent 选择一个适用的计划来处理特定事件时，计划库中该计划的副本将成为一种预期的方法。也就是说，如果事件是要实现一个新目标，那么 Agent 就必须遵循以该预期方式表达的动作方法来完成任务。

Agent 选择的所有意图方法都进入意图集。意图是一堆预期的方法，因为在采取进一步动作之前，计划可能需要实现一个（子）目标，而某些预期方法之间的这种依赖性也必须保持。一组意图中的每一个单独的意图都代表了 Agent 的一个不同的注意焦点。例如，计时器可能在 Agent john 擀杏仁饼的时候响了，表明一些糕点可能很快就好了，所以它在擀杏仁饼的时候会盯着烤箱。

如前所述，动作是 Agent 为了更改共享环境的状态而能够执行的操作。通常，动作与环境模型中的人工品所提供的操作相关，或者由效应器来实现（例如，通过机器人中的机械手段）。从 Agent 推理的角度来看，要执行的动作是直接由 Agent 当前的意图集所决定的。

Agent 体系结构使用三个用户定义的选择函数。事实上，它们的默认实现是可用的，但特定领域的功能可能需要特定的应用程序。三种选择函数如下：

事件。事件选择函数在每个推理周期中从事件队列中选择一个特定的事件进行处理。通常，选择函数只是实现一个 FIFO 策略，因此是事件队列的名称。但是，特定的 Agent 可能需要如对特定的事件进行优先排序，在这种情况下，需要调用用户定义的选择函数。

方法。一个 Agent 在给定时刻有多个可用计划时，方法选择函数（通常称为选项选择函数）会选择一个特定的计划执行。通常，第一个可应用的计划（按照它们在计划库中出现的顺序）会被使用；但是，特定的 Agent 可能想要推理计划中注释的属性，以便选择更可能成功或通常会有更高回报的计划。

意图。意图选择函数从一组意图中选择一个特定的意图（回想一下，每一个单独的意图都是 Agent 关于其环境的一个不同的注意焦点，包括其他的 Agent），这又决定了在特定的推理周期中将采取何种行动。通常，该函数操作一个循环策略，即为所有意图执行操作提供一个公平的机会。同样，特定的 Agent 可能需要，例如，意图间关系的复杂形式的推理，以确保它们被有效地安排。

由于各种原因，意图可能会被搁置。例如，动作由 Agent 的效应器在 Agent 体系结构的不同部分执行，而不是由 Agent 的推理器执行。因此，当一个意图请求一个动作执行之后，在动作执行请求被确认之前，这个意图会变成暂停状态，在这种意义上，该意图的进一步动作暂时不能被选择执行。此外，当意图等待是为了实现子目标而选择一个计划时，它必须不被选择执行，因此它被暂时搁置。

现在我们转向对 Agent 推理周期的高级描述，如图 4.3 所示。对如下推理周期流程的描述参考源自该图。每个推理周期开始于从环境中检索所有可用的信息，并以选择要执行的一个动作结束。Agent 推理器和 Agent 体系结构的其他组件（如传感器和执行器）之间的接口结构以圆角框表示。其他主要数据结构用粗线框表示。用菱形表示选择函数。通过对推理过程的相关部分进行分组，我们可以将这个周期分为以下四个主要步骤：

1. 每个推理周期都是从负责与共享环境交互的 Agent 体系结构的部分来检索当前可用的感知集，以及来自其他 Agent 的消息开始的。感知直接影响 Agent 的信念，而消息既可以影响信念集，也可以影响 Agent 的目标和计划。回忆一下，信念或目标的所有更改都表示为事件，并放置在事件队列中。在 Agent 的信念库中，来源于前一个推理周期感知的信念被明确地这样注释。这允许 Agent 体系结构确定感知信息的变化。

2. 在这部分推理中，事件选择函数用于选择单个事件，从计划库中检索具有匹配触发事件的所有计划。有了这组相关的计划，我们需要根据信念基础的当前状态检查每个计划的环境，以确定一组适用的计划。

3. 在这个阶段，使用一组适用的计划调用方法选择函数。它的输出是 Agent 为处理步骤 2 中选择的事件而选择的特定方法。这需要将意图集作为一个新的意图（例如，如果这个计划为 Agent 开启了一个新的注意力焦点，因为它对一些新的感知环境的变化或因为它按另一个 Agent 的要求采用一个目标），或在现有的意图的情况下，选中的计划是实现目标需要实现的计划的一部分。

4. 最后，意图选择函数选择一个特定的意图，该意图的下一个需要的行动被选择在推理周期中执行。因此，意图直接决定了要执行的行动。回想一下，在一个计划中可能出现三种不同类型的动作，事实上，计划中被选择执行的部分可能不完全是动作，而是 Agent 需要采取的一个新的目标，或者是 Agent 后面需要记住的信念（或思维记录）的补充。信念基础和事件队列可能需要作为该步骤的一部分进行更新。此外，意图可能被暂停（如前所述），并且在所有情况下意图集都需要被更新：意图可能移到暂停集或事件队列，以等待目标的计划，如果它被保留在意图集，至少活跃计划的多个动作已被执行这件事需要在那个意图中更新。

4.4 参考资料

BDI Agent 模型和架构背后的开创性工作者是 Bratman 等人（1988），其哲学影响来自于 Dennett 的意图立场（1987）和 Bratman 在意图概念方面对人类实践推理的重要性的工作（1987）。对原 BDI Agent 模型的一个重要补充是 Georgeff 和 Lansky 的反应性计划（1987），这导致了 PRS（Georgeff 和 Ingrand，1989），即第一个 BDI Agent 平台的实际实施。在更正式的层面，特别是 Agent 思维态度的模态逻辑，有 Cohen 和 Levesque（1990）的开创性工作，以及 Wooldridge（2000）、Singh（1991）和其他许多人的重要工作。事实上，关于 BDI 的 Agent 模式及其在哲学文献中的根源已经有很多论述；Wooldridge（2009）给出了进一步的细节。

Shoham（1993）介绍了一些面向 Agent 编程的最初想法。也许最具影响力的早期 Agent 编程语言是 Concurrent MetateM（Fisher，1993）、ConGOLOG（Lespéranc 等人，1996）、AgentSpeak(L)（Rao 1996）和 3APL（Hindrik 等人，1997）。具体到 Jason⊖，它奠定了 JaCaMo 平台的基础，请参阅 Bordini 等人（2007）的工作，关于最初的正式语义，请参阅 Vieira 等人（2007）的工作。一些最常用的 Agent 语言和平台包括 Jadex（Pokahr 等人，2005）、GOAL（Hindriks，2009）、JADE（Bellifemine 等人，2007）、SARL（Rodriguez 等人，2014）、JACK（Busetta 等人，1999）和 ASTRA（Russell 等人，2015）。Bordini 等人（2005，2009）详细介绍了一些最著名的 Agent 编程语言。

关于 BDI Agent 编程有很多公开的难题，如 Logan 等（2017）讨论的意图进展问题。解决此类难题的一项有趣研究涉及将面向 Agent 的编程与各种人工智能技术相结合，例如，Sardiña 等人（2006）在将计划与 Agent 编程相结合方面所做的开创性工作。第 11 章对此给出了进一步的提示，也可以参见 Bordini 等人（2019）提出的展望。

⊖ Jason 平台由 Jomi Hübner and Rafael Bordini 开发，在网站 http://jason.sourceforge.net/ 上可以获取到。

4.5 练习

练习 4.1   这个练习是关于被动和主动的行为的。写一个 Agent 在环境中感知到它喜欢的一种蛋糕的广告后对信念做出反应。它通过设定一个拥有蛋糕的目标来回应这个信念。主动行为应该包括实现目标的不同方法，例如，按照特定的食谱烘焙蛋糕或在面包店买蛋糕，这两者适用于不同的情况（例如，有面粉或有钱）。为了测试你的 Agent，要创建一个关于感知到的蛋糕广告的初始信念，这样你就不必担心环境模型。

练习 4.2   创建一个类似 prolog 的规则，用于对信念进行推理，检查在家里烤蛋糕时需要的所有条件是否被认为是正确的。更改前面练习的代码，使烘烤蛋糕的计划的环境部分通过使用这个推理规则变得更简单。

练习 4.3   烘焙蛋糕的计划可能包括一个子目标，即遵循制作蛋糕面团的食谱。在此之前，Agent 需要检索它可能从其信念基础上知道的食谱。编写一个由测试目标触发的计划，以防 Agent 不知道该类型蛋糕的食谱。

第 5 章

环境维度

在上一章介绍了 Agent 维度之后，我们现在通过考虑环境维度来逐步丰富我们的编程抽象集，环境维度在 MAOP 中被用来将 Agent 使用的资源和工具作为头等概念来建模。首先，我们介绍人工品的概念，它是可用于设计模块化、动态和可组合环境的基本构件，就像人类环境中的人工品一样，并讨论 JaCaMo 中可用的相应编程抽象。然后，我们来看如何对 Agent 进行编程，以便创造、使用和观察人工品，最终能够根据它们的需要和目标塑造它们自己的环境。最后，我们描述复杂的基于人工品的环境如何用工作空间来构造，这个概念被引入到多 Agent 系统的拓扑结构模型中，可能分布在互联网的多个节点上。

5.1 简介

在 MAOP 中，环境的概念被用作编程的抽象概念，用来模拟 Agent 可以创建、共享和使用的资源和工具，以完成它们的工作。人类的工作环境给出了一个理解该观点的有效类比（见图 5.1）。为了完成它们的工作，人类（Agent）不仅要沟通，还要利用工作环境中的资源和工具，这往往是使它们的动作有效或无效的根本。此外，它们的工作目标往往是由它们逐步建立的一些人工品来表示的，可能是合作的。类似地，在 MAOP 中，我们引入了一个抽象层，使得在 MAS 中封装那些没有被正确建模为认知 Agent 的服务和资源成为可能，因为它们既不是自治的，也不是主动的（面向目标）。

一个简单的例子是一块黑板。另一个例子是一个数据库或一个共享的知识库。

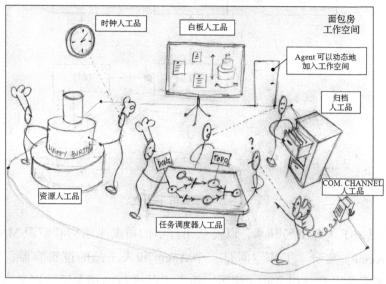

图 5.1　面包房场景中的 Agent 和人工品

图 5.2 再次显示了关于环境维度的关键概念，如第 2 章所介绍的，它遵循 Agent 和人工品（A&A）的概念模型。在 A&A 中，环境被建模为 Agent 可以加入的工作空间，以分享和使用人工品。人工品这一术语明确地取自活动理论和分布式认知，以回顾这种概念在人类环境中的属性。人工品的抽象是作为结构化和组织环境的一个单元被引入的。从 MAS 设计者的角度来看，人工品是设计和工程化 Agent 环境的基本构件，或者说是头等抽象；从 Agent 的角度来看，人工品是它们世界的头等实体，它们可以实例化、发现、分享，并最终使用和观察来执行它们的活动和实现它们的目标。如果 Agent 是设计 MAS 的自治和面向目标 / 任务部分的基本构件，那么人工品是组织其中非自治、面向功能[⊖]（从 Agent 的角度看）部分的基本实体。

然后，人工品是一个自然的抽象，用于建模和实现现有的计算实体和机制，这些实体和机制经常被引入 MAS 的工程中，代表共享资源，如共享数据存储，或协调媒介，如黑板、元组空间和事件管理器。除此之外，类似于人类的环境，人工品可以被专门设计用于改善 Agent 完成任务的方式，通过跨时间（预计算）和跨 Agent（分布式认知）来分配动作，以及通过改变个体执行活动的方式。

　　⊖　这里的功能一词是指预期目的。

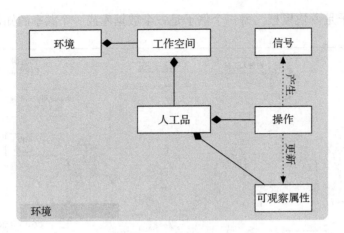

图 5.2   环境维度的主要概念

  A&A 还引入了工作空间抽象，以便从拓扑学的角度来结构和组织 MAS 中的整个人工品（和 Agent）集合。工作空间是一个 Agent 和人工品的逻辑容器，通过为事件的互动和可观察性以及一组 Agent 使用一组人工品进行的相关活动定义一个范围，为 Agent 提供一个逻辑上的位置性和处境性概念。然后，一个复杂的 MAS 可以被组织成一组工作空间，分布在网络的多个节点上，Agent 可能同时加入多个工作空间。

  作为总结，图 5.3 显示了本章到目前为止提出的环境概念，并将它们与前一章提出的 Agent 维度联系起来。强调 A&A 概念的通用性是很重要的。尽管在本书中我们使用了 JaCaMo 提供的特定编程模型和 API（从下一节开始介绍），但（自治）Agent 和（非自治）人工品共享环境工作空间的概念对于多 Agent 系统的设计和实施来说是相当普遍的。

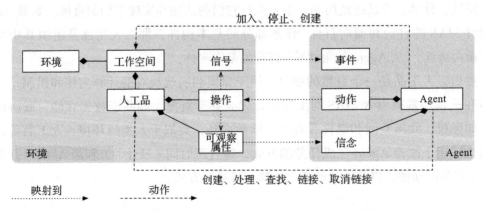

图 5.3   放大的环境概念图以及它们与 Agent 维度的关系

5.2　环境抽象

如果说 Agent 抽象是为了有效地模拟自治的、主动的、面向目标的计算实体，那么，对偶的，人工品抽象则是为了有效地模拟面向功能的、非自治的、旨在被 Agent 使用（观察或控制）来完成其工作的计算实体。图 5.4 显示了在 A&A 中提出并在 JaCaMo 中采用的概念模型，以表示作为计算实体的人工品。人工品的功能是以操作来定义的，从 Agent 的角度来看，对应于提供给使用该人工品的 Agent 的动作。每个操作都由一个标签和一个输入参数列表来识别。

从编程的角度来看，类似于面向对象程序设计中的对象，人工品是人工品模板的实例。在 JaCaMo 中，一个人工品模板可以作为一个 Java 类来实现，它扩展了一个预先存在的类——命名为 `Artifact` 并在 API 中可用——使用一组基本的 Java 注释和现有的方法来定义人工品结构和行为的元素。作为例子，图 5.4 显示了一个简单的计数器人工品的实现，它可以跟踪一个计数。

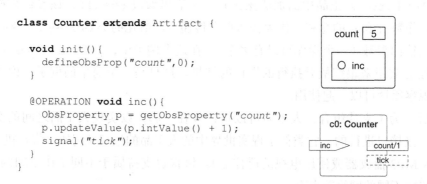

图 5.4　一个简单的计数器人工品的例子。左边是人工品模板类的 Java 源代码。右边是书中使用的两种不同的表示方法——一种是抽象的（上），一种是更详细的（下）

操作是构造人工品功能的基本单位，可以是原子性的，也可以是涉及一连串原子性计算步骤的过程。计数器人工品有一个单一的操作，叫作 `inc`，用来增加计数值。

可观察的属性代表人工品的可观察状态，它可以被观察该人工品的 Agent 所感知。在我们的例子中，`Counter` 人工品有一个名为 `count` 的单一可观察属性，它记录了计数值。`count` 属性的值是由 `inc` 操作递增的。每次人工品的可观察状态被操作改变时，观察人工品的 Agent 可以感知到一个与新状态相对应的事件。一个人工品也可以有一个隐藏的、不可观察的状态，例如可以用私有实例域来编码。

除了可观察的属性外，人工品还可以产生信号，这些信号是可观察的事件，可以被使用或观察人工品的 Agent 所感知到。信号可以用来表示任何情况、条件或消息，并且不一定与可观察的属性有关，以向观察的 Agent 发出信号。在这个例子中，Counter 人工品在每次计数增加时都会产生一个叫做 tick 的信号。

除了可观察的属性和信号，Agent 可以从操作中的输出参数方面接收来自人工品的反馈，也就是其值打算由操作执行来设置的参数。从 Agent 的角度来看，这些参数代表了动作反馈。下面是一个例子：

```
class Calculator extends Artifact {

  void init(){
      defineObsProperty("last_result",0);
  }

  @OPERATION void add(double a, double b, OpFeedbackParam<Double> result){
    double res = a + b;
    getObsProperty("last_result").updateValue(res);
    result.set(res);
  }
}
```

Calculator 人工品中的加法操作有一个输出参数 result，该参数被操作设置为两个操作数 a 和 b 的总和，作为普通参数传递。参数化的类 OpFeedbackParam 被用来表示输出参数（一个操作可以有多个）。在这个例子中，一个 last_result 的可观察属性也被用来跟踪最后执行的操作的结果。这只是一个简单的例子，说明动作反馈和可观察属性可以一起使用。

最后，为了支持组合，人工品可以被链接在一起，以实现人工品之间的交互。这是通过链接接口进行的，它类似于现实世界中的人工品的接口（例如，将耳机链接 / 连接 / 插入 MP3 播放器或使用电视的遥控器）。链接也支持属于不同工作空间的人工品，可能驻留在不同的网络节点上。

人工品的基本分类法

与人类使用的物体和工具类似，人工品可以根据它们提供的功能进行分类。在文献中，已经确定了三个基本类别（Ricci 等人，2006）：

- ❏ 资源人工品。这是最普遍和最常见的一种人工品，代表某种特定的资源，可能被 agents 共享。一个例子是本章中提到的简单的计数器；另一个例子是共享知识库的人工品。

- ❏ 协调人工品。这些人工品是专门设计来提供协调功能的，以某种方式实现和管理 Agent 之间的交互。例子涵盖同步机制（类似于并发编程中的栅栏和信号）到黑板、拍卖机和工作流引擎，直到用于组织管理的人工品，这将在第

8 章讨论。

❏ 边界人工品。这些人工品允许 Agent 与人类用户进行交互，更广泛地说，与
MAS 有关的任何行为者或系统都是外部的；一个例子是图形用户界面。其
他的例子可以在第 10 章中找到。

特别是协调和边界人工品的设计和实现可能需要使用由人工品 API 提供的更高
级的机制来同步操作的执行——类似于监视器中的条件变量——以及管理异步计算
的执行，与外部线程交互。这些机制将在下一章介绍。

从 Agent 的角度来看与人工品的合作

Agent 可用来处理人工品的一系列动作可以分为三个主要组：

1. 创建 / 查询 / 处理人工品的动作。

2. 使用人工品的动作，从而触发操作并观察属性和信号。

3. 链接 / 解除链接人工品的动作。

接下来，我们将更详细地描述这些动作。

创建和发现人工品。我们从人工品的创建和发现动作开始。人工品是为了被 Agent
在运行时创建、发现并可能被处置；这是模型支持环境的动态可扩展性（除了模块化）
的基本方式。在图 5.5（顶部）中，我们展示了一个简单的例子，其中一个用户 Agent
创建了一个人工品，并通过执行操作来使用它，而一个观察者 Agent 发现了该人工品
的存在，并对可观察属性的变化做出反应。

动作 makeArtifact(Name,Template,Params,Id) 在一个工作空间内实例化
一个名为 Name 的 Template 类型的新人工品，作为动作反馈得到其标识符 Id。该逻
辑名称在一个工作空间内识别该人工品。属于不同工作空间的人工品可以有相同的逻辑
名称，所以除了逻辑名称之外，每个人工品都有一个由系统生成的唯一标识符，并作为
动作反馈返回。如图 5.5（左侧）所示，在目标 !create_and_use 的计划中，Agent 创
建了一个名为 c0 的人工品，作为人工品模板 Counter 的实例，传递初始参数为 10。与
makeArtifact 相反，disposeArtifact(Id) 被用来从工作空间移除一个人工品。

人工品发现涉及检索位于工作空间的人工品的标识符的可能性，假设给定
其逻辑名称或其类型描述（即，用于创建它的模板）。为了这个目的，lookup-
Artifact(Name,Id) 检索了一个给定逻辑名称的人工品的唯一标识。在图 5.5（右侧）
中，目标 !discover_and_observe 的计划被另一个 Agent（与创建人工品的 Agent

不同）用来寻找一个叫作 c0 的人工品并观察它（通过关注它）。为此，它首先试图通过 !locate_count 子目标来检索该人工品的标识符，在这个子目标中，它反复执行人工品查找，直到找到该人工品。

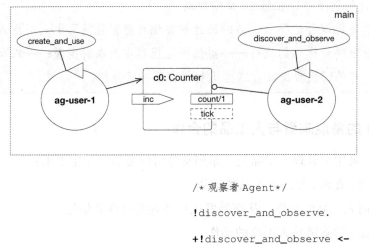

```
/* 观察者 Agent */

!discover_and_observe.

+!discover_and_observe <-
   !locate_count(Id);
   focus(Id).

+count(V) <-
   println("count: ",V).

+tick <- println("tick!").

+!locate_count(Id) <-
   lookupArtifact("c0",Id).
-!locate_count(Id) <-
   .wait(10);
   !locate_count(Id).
```

```
/* 用户 Agent */

!create_and_use.

+!create_and_use : true <-
   makeArtifact("c0",
      "Counter",[10],Id);
   inc;
   inc [artifact_id(Id)].
```

图 5.5　Agent 使用和观察人工品。在顶部是用户和观察者例子的图。左边显示的是用户 Agent 创建并使用一个叫作 c0 的计数器人工品。右边是观察者 Agent 发现 c0 人工品，观察它，并对其计数可观察属性的变化做出反应

在人工品上执行操作。对于 Agent 来说，使用人工品基本上涉及两个方面：能够执行人工品使用界面中实际列出的操作，以及能够以可观察的属性和信号来感知人工品的可观察信息。

对于第一个方面，从 Agent 的角度来看，人工品操作代表了环境提供给 Agent 的外部动作。[⊖] 通过执行一个动作 op(Params)，工作空间中的人工品提供的相应操作被

⊖　关于 Agent 的内部和外部动作的区别，见第 4 章。

触发了。如图 5.5（左）所示，用户 Agent 创建了一个名为 c0 的 Counter 人工品，然后通过执行 inc 动作，触发人工品上相应的 inc 操作，使其增加。事实上，如果一个 Agent 加入的工作空间中有不止一个人工品提供操作，那么操作的人工品目标的标识符可以通过动作后面的注释 [artifact_id(Id)] 来指定。如果没有指定注释，并且有多个人工品提供操作，则会从中选择一个（从 Agent 的角度来看，是不确定的）。

如果相应的操作成功完成，则 Agent 执行的动作成功；反之，如果指定的操作在当前不包括在人工品使用界面中，或者在操作执行过程中发生一些错误，即操作本身失败，则动作失败。通过成功地完成其执行，一个操作可能会产生一些结果，这些结果可以作为动作反馈返回给 Agent。通过执行一个动作，封装的 Agent 意图被暂停，直到收到一个报告动作完成的事件（有成功或失败）。通过接收动作完成事件，动作执行完成，相关计划得到恢复。值得注意的是，即使一个意图被暂停，Agent 也不会被阻止，Agent 的推理周期可以继续处理感知并执行与其他计划相关的动作。因此，在基于人工品的环境中，Agent 可用的外部动作的技能是由当前填充在环境中的人工品集合所定义的。这意味着动作技能可以是动态的，因为人工品的集合可以由 Agent 自己动态地改变，实例化新的人工品或处置现有人工品。

预先定义的人工品

即使是像 makeArtifact 这样的基本操作也和其他的外部动作一样，也就是说，它们对 Agent 来说是统一可用的，因为有一个以它们作为操作特征的人工品。特别是，每个工作空间都默认配备了一个叫做工作空间（workspace）的人工品，它提供了创建、搜索和管理人工品的核心功能。此外，它提供了一组可观察的属性，使 Agent 有可能知道关于工作空间的基本动态信息，例如可用的人工品集（通过信念形式，artifact(Name, Template, Id)）。工作空间（workspace）人工品是工作空间中默认创建的预定义人工品之一，作为 Agent 在其活动中可以使用的基本工具。其他预定义的人工品包括：

❏ 控制台（console）人工品，提供与标准输入/输出交互的操作（例如，例子中使用的 println 动作）。

❏ 黑板（blackboard）人工品，它实现了一个简单的（基于元组空间的）黑板，对 Agent 协调很有用。

这些人工品的完整描述是平台网站上提供的文档的一部分。

观察人工品。除了在人工品上执行操作外，使用它们通常需要 Agent 有观察它们的能力。Agent 可以通过执行 focus(Id,Filter) 动作来开始感知由人工品产生的可观察的属性和信号，指定要观察的人工品的标识符和可选的过滤器来进一步选择 Agent 感兴趣的可观察属性和信号的子集。与 focus 相反，stopFocus(Id) 动作是为 Agent 不再想观察某个特定人工品的情况提供的。

在观察人工品时，人工品的可观察属性被直接映射到 Agent 的信念基础中的信念。每当一个被关注的人工品上的可观察属性被更新时，"在幕后"的人工品就会产生一个事件，该事件会被 Agent 自动感知，相应的信念也会被更新，从而产生一个信念变化事件。[一]这使得编写对可观察属性的变化做出反应的计划成为可能。在图 5.5（右）中，一个观察者 Agent 首先发现了 c0 计数器，然后它开始观察人工品，并在每次关于可观察属性 count(V) 的信念被更新时做出反应。当与可观察属性相关的信念第一次被创建时（即当聚焦动作成功时），也会产生一个事件。

相比之下，信号与可观察的属性无关；它们就像在人工品一侧产生的消息，在观察者一侧被异步处理。因此，在默认情况下，没有关于信号的信念被保留。[二]

一个 Agent 可以同时关注（观察）多个人工品，甚至是同类的。为了区分具有相同名称但来自不同人工品的可观察属性，关于可观察属性的信念被注解为该信念来源的人工品的具体标识。特别是，每个关于人工品的可观察属性的信念都被注释为 artifact_id(Id), artifact_name(Name) 和 workspace(Id)，分别携带关于人工品的唯一标识符、它的名字和它所在的工作空间的标识符的信息。这些注释可以用于，编写 Agent 计划：

```
+count(V) [artifact_name("counter")] <- ...
+count(V) [artifact_id(Id)] <- /* use the Id */...
```

关于观察语义的重要评论：

❑ 观察的完整性。该模型是这样的：没有事件可以丢失。也就是说，对于由人工品产生的每一个可观察的状态 s，即对于每一个关于可观察属性 prop 的可观察的新值 v，该状态被观察该人工品的每个 Agent 感知，并产生相应的内部事件。

❑ 事件排序。由人工品产生的可观察状态和事件被观察人工品的每个 Agent 感知，其顺序与它们产生的顺序相同。反之，在不同的人工品产生的事件之间没有定义顺序。

❑ 原子感知。如果在同一个操作执行中，两个可观察的属性发生了变化，那么它们的变化就会通过一个感知被感知到，并且在同一个推理周期中更新 Agent 的相应信念，产生多个内部事件，可以在各种后续推理周期中进行处理。

链接人工品。最后，我们描述人工品的链接动作。人类环境中的人工品经常被设计为连接在一起，以便结合它们的功能。类似地，这里的人工品可以被 Agent 链接在一起，以允许一个人工品（链接的那个）在另一个人工品（被链接的那个，它应该通过暴露一个适当的链接接口而被链接）上执行操作。为了将两个人工品连接起来，动作 linkArtifacts(LinkingArId,LinkedArId,Port) 被提供给 Agent。

在链接人工品方面，端口的概念被用来（间接地）引用人工品代码中的链接人工品。一旦人工品被链接在一起，链接人工品就可以通过 execLinkedOp(Port,OpName,OpArgs) 基元对附加到某个端口的人工品执行操作。图 5.6（左）显示了一个链接人工品定义 linkedCount 端口并在 test 和 test2 操作中使用它来对链接人工品执行操作的例子。

在被链接的人工品方面，暴露了一个链接接口，定义了可由链接人工品执行的操作集。一个链接接口是通过用 @LINK 来注释一个人工品的那些可以被其他人工品链接的操作而定义的。[⊖] 图 5.6（右）显示了一个可链接人工品的例子，它暴露了几个用 @LINK 注解的操作。链接操作执行的语义与 Agent 执行的操作相同：由链接人工品执行的操作请求被暂停，直到被链接人工品上的操作被执行，无论是成功还是失败。

图 5.6（底部）显示了 Agent 代码创建和链接两个人工品（一个 LinkingArtifact 和一个 LinkableArtifact）的例子，然后与链接的人工品进行交互，间接地也对链接的人工品执行操作。

⊖ 同一个方法可以同时用 @LINK 和 @OPERATION 来标记，以表示一个既属于使用又属于链接界面的操作。

```
public class LinkingArtifact                    public class LinkableArtifact
        extends Artifact {                              extends Artifact {

  private static final String                     int count;
          linkedCount = "linkedCount";

  void init(){                                    void init(){
    definePort(linkedCount);                        count = 0;
  }                                               }

  @OPERATION                                      @LINK
  void test(){                                    void inc(){
    execLinkedOp(linkedCount,"inc");                count++;
  }                                               }

  @OPERATION                                      @LINK
  void test2(OpFeedbackParam<Integer> v){         void getValue(
    execLinkedOp(linkedCount,"getValue", v);              OpFeedbackParam<Integer> v){
    log("back from linked op.: "+v.get());          v.set(count);
  }                                               }
}                                               }



!test_link.

+!test_link
  <-  makeArtifact("myArtifact","LinkingArtifact",[],Id1);
      makeArtifact("count","LinkableArtifact",[],Id2);
      linkArtifacts(Id1,"linkedCount",Id2);
      println("artifacts linked: going to test");
      test;
      test2(V);
      println("value ",V).
```

图 5.6　链接人工品。左边是一个链接人工品的例子。一个名为 linkedCount 的端口被定义并
用于通过操作 test 和 test2 来触发对链接人工品的操作执行。在右边是一个可链接人
工品的例子。用 @LINK 注释的操作可以被链接的人工品调用。在底部，一个 Agent 创建
了两个人工品，将它们链接在一起，并在链接的人工品上执行操作

模块化——封装——可重用性

　　JaCaMo 中使用的环境模型具有许多编程语言和软件工程方法学所期望的最重要的特征。例如，人工品为模块化提供了一个自然的手段，因为人工品可以通过链接操作与其他人工品相联系。一个人工品首先是一个封装的机制，因为所有的操作和可观察的属性在概念上与可被 Agent 感知的人工品实体相关，都在同一个人工品结构中实现。另一个重要的特征是可重用性；不用说，同一个人工品模板在开发者可能想要实现的许多不同的系统中都是有用的——想想一张桌子、一块黑板、一台咖啡机或任何其他现实世界中的人工品；而且很容易看到相同的人工品在许多不同的背景下是多么频繁地有用，这也同样适用于不同多 Agent 系统中的人工品。

将人工品结构化为工作空间

如 5.1 所述，在 JaCaMo 采用的环境模型中，人工品被收集到工作空间，定义了环境的拓扑结构。一个工作空间可以被理解为一个包含人工品的逻辑场所，以及 Agent 活动的工作环境。为了访问和使用工作空间的人工品，也就是说，为了分享工作环境，一个 Agent 必须首先加入它。一个 Agent 可以加入并在多个工作空间工作，而且多个 Agent 可以在同一工作空间同时工作。

默认情况下，一个 MAS 包含一个工作空间。然而，一个复杂的环境可以由多个工作空间构成，按层次组织，类似于文件系统，如图 5.7 所示。默认情况下，有一个名为 main 的根工作空间，但也可以使用更具体的名称；例如，在图 5.7 中，根工作空间被称为 my_bakery。每个工作空间可以有一个或多个子工作空间，但只有一个父工作空间。与文件系统一样，逻辑路径可以用来指代一个工作空间，例如，/my_bakery/cake_room。

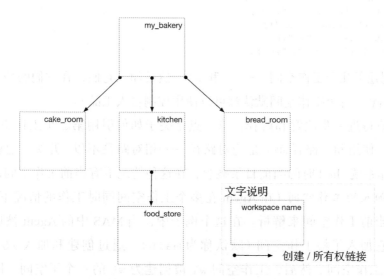

图 5.7　分布式环境概述

在 Agent 侧，有一些动作可以用来处理工作空间。首先，Agent 在一个特定的工作空间（它们的主工作空间）中被催生，或进入一个 MAS，当它们在该 MAS 中的生命周期中时，这个工作空间通常不会改变，除非是移动 Agent。一旦进入 MAS，Agent 可以通过简单地加入 MAS 的多个工作空间而同时工作。

joinWorkspace 动作可以用来加入 MAS 的任何工作空间，方法是指定工作空间的完整路径名称，并获得其唯一的标识符作为动作反馈。 一个例子是 joinWork-space("/my_bakery/cake_room",Id)。一旦一个工作空间被加入，Agent 可以与该工作空间的所有人工品进行交互。要退出一个工作空间，需要提供 quitWork-space(Id) 动作。

除了加入，Agent 可以通过 createWorkspace 动作来创建一个新的工作空间，指定父工作空间的标识符和新的子工作空间要使用的逻辑名称。工作空间也可以通过 re-moveWorkspace 动作来处理，指定要移除的工作空间的全名（路径）。最后，为了在两个工作空间之间创建访问链接，有一个动作 linkWorkspaces(From,To,Name)，其中 From 是创建链接的工作空间的路径，To 是被链接的工作空间的路径，Name 是访问链接的标签。

一个简单的 Agent 源码与工作空间合作的例子显示如下：

```
+!test_workspaces
  <- createWorkspace("/main/w0");
     joinWorkspace("/main/w0",W0);
     println("hello in ",W0);
     createWorkspace("w1");
     joinWorkspace("w1",W0);
     println("hello in ",W1).
```

Agent 创建了几个工作空间——w0 和 w1，然后加入它们，在它们的控制台人工品上打印一条信息（每个工作空间默认都可以使用控制台人工品）。

有两点值得进一步注意和解释。第一点是关于如何引用第二个工作空间 w1；对于文件系统，使用相对路径而不是绝对路径——相对路径不以 / 开头。也就是说，类似于使用操作系统 shell 时的当前目录概念，在这种情况下有当前工作空间的概念，它对应于最后加入的工作空间（在 Agent 在多个工作空间同时工作的情况下）。相对路径是相对于当前工作空间来解析。在这个例子中，当 MAS 中的 Agent 被启动时，默认情况下，它加入了根工作空间（默认称为 main）。通过创建和加入 w0 工作空间，w0 成为当前工作空间。然后，工作空间 w1 被创建为 w0 的一个子空间，因为相对路径 w1 被用来引用工作空间。这相当于 createWorkspace("/main/w0/w1")。值得注意的是，就像在文件系统中一样，可以用来引用父工作空间，所以 create-Workspace("../w1") 会在 main 里面创建工作空间。

第二点与第一点相关，涉及在没有指定人工品标识符（或目标工作空间）的情况下执行人工品上的操作。在这个例子中，动作 println 指的是由控制台人工品提供的相

　　㊀　工作空间标识符输出参数是可选的。

应操作。这里一个合理的问题可能是"如果 Agent 在多个工作空间工作，当请求动作 `println` 时，会使用哪个具体的控制台人工品？"答案是使用当前工作空间；也就是说，当指定一个动作（操作）而不包括人工品标识符时，当前工作空间被隐含地认为是目标，然后提供该操作的人工品被认为在该工作空间。因此，在这个例子中，第一条 `hello` 消息是由工作空间 `w0` 的控制台人工品打印的，而第二条 `hello` 消息是由工作空间 `w1` 的控制台人工品打印的。当前工作空间是为了代表一个 `agent` 的当前工作场景，为此，它与当前执行中的意图绑定；也就是说，每个意图可以有它自己的当前工作空间，如果一个 `agent` 同时有多个意图在执行，当前工作空间会根据哪个意图在执行而自动切换。

最后，同一 MAS 的工作空间可以被创建，并在不同的网络节点上执行，产生一个分布式系统。例如，如图 5.7 所示，`my_bakery`、`kitchen` 和 `food_storage` 工作空间可以在某个节点上运行，而 `cake_room` 和 `bread_room` 可以在其他一些主机上运行。同一节点可以承载多个工作空间的执行，而一个工作空间是在特定的节点上执行的（也就是说，一个工作空间是不分布的）。这个话题将在第 7 章全面展开。

5.3 环境执行

在 Agent 侧，需要控制流来执行推理周期，进行 Agent 活动。在环境侧，需要控制流来执行人工品内部触发的操作。人工品内部的操作的执行模型是这样的：

❑ 对不同人工品请求的操作——无论是由不同的 Agent 还是同一 Agent——都可以同时执行，可能由不同的控制流执行；

❑ 在同一人工品上请求的操作是按顺序执行的，强制相互排斥；也就是说，在一个人工品中一次只能有一个操作在执行。

如果一个 Agent 请求在一个人工品上执行一个操作，而另一个操作（或相同的操作）已经在执行中，那么一旦当前的操作执行结束或被暂停，该请求就会被排队并提供服务。[⊖]在 Agent 侧，相应的（外部）动作的执行被暂停，也就是说，执行中的意图被暂停（见第 4.3 节），直到感知到一个与操作的完成（无论是成功还是失败）相对应的动作事件。事实上，每次执行中的操作完成后，都会产生一个相应的动作事件（无论是成功还是失败的完成）并传递给触发该操作的 Agent。

⊖ 第 7 章中提供了更多关于暂停操作的信息。

人工品内部的操作的执行可以改变人工品的可观察状态，也可以产生信号。这里重要的一点是，为了使这种可观察的状态和相关的变化，以及信号，作为感知而被关注人工品的 Agent 所采用的语义。这种语义学遵循以下原则（在前一节中提到）：

❑ 在一个操作中，有可能更新多个可观察的属性，而不一定要使每个单一的更新都可观察。在这种情况下，观察人工品的 Agent 会感知到人工品的新的可观察状态，其中可能有多个属性被改变。

❑ 每一次信号的产生，都会使观察的 Agent 立即感知到，同时也会感知到人工品的当前可观察状态。

❑ 变化的顺序——也就是可观察状态的顺序——在被 Agent 感知时应该被保留下来，没有任何变化或事件应该被丢失。

这种语义对用于实现人工品的 API 的影响如下：

❑ 在一个操作中，在更新一个可观察的属性时（例如，通过调用 `updateValue`方法），可观察的属性被更新，但新的状态不会立即被 Agent 观察到。

❑ 在操作执行结束时，或在生成信号时（使用信号基元），或通过对可观察状态的显式提交，新的状态是可观察的。这可以通过调用包含在人工品 API 中的特定基元（`commitObsState()`）来实现。

"人工品"与"对象和监控器"

人工品与面向对象程序设计中的对象有一些相似之处。像对象一样，人工品可以被用来模拟非自治的实体，提供一个由一系列操作组成的接口来使用。然而，Agent- 人工品的交互模型与面向对象程序中定义对象间交互的模型有很大的不同。在使用对象的情况下，方法调用意味着一个对象（调用方法）和另一个对象（被调用方法）之间的控制转移，就像过程调用的情况一样。也就是说，它是一个同步的调用。在 Agent- 人工品的情况下，控制被封装在 Agent 内部，不能被转移。因此，一个 Agent 在一个人工品上调用一个操作——即执行一个动作——并不是在转移控制权；被触发的操作的执行是由环境提供的另一个逻辑控制流进行的。在 Agent 侧，执行中的计划被暂停，直到执行中的动作完成或失败——它通过一个事件（动作事件）被通知。即使计划被暂停，由于控制的封装，Agent 的推理周期仍在继续，所以其他意图将继续被 Agent 追求。

与对象的另一个主要区别是关于可观察的属性。OOP 中的对象在概念上没有由属性组成的可观察状态；OOP 中的一个好做法是通过适当的接口（即方法）来模拟与对象的每一次交互。因此，对象中的实例域应该被声明为私有的，以执行信息隐藏。人工品也是如此，它可以有一个隐藏的私有状态。然而，人工品中可观察属性的高级概念与 Agent 抽象密切相关，因为它是一个动作和感知环境的实体，假设环境具有一些可观察的状态。这在人工品中直接由可观察的属性来捕获。值得注意的是，人工品中的可观察属性并不像被声明为公共的对象实例域。事实上，可观察的属性不能被直接写入；它们只能被人工品的操作所修改。此外，对可观察属性的改变会自动将它们提升为可观察的事件，这些事件会被观察（也就是将注意力集中在）该人工品的 Agent 所感知。由人工品可观察属性的变化产生的事件流与反应式编程中的异步流非常相似。

像并发编程中的监控器一样，人工品可以被多个 Agent 安全地并发使用——它们在构造上是线程安全的。事实上，和监控器一样，在人工品中，一次只能有一个操作在执行，所以相互排斥被强制执行。可能会有多个操作被触发并正在执行。但是，在这种情况下，除了一个操作之外，其他的操作都会被暂停（例如，在等待某个条件）。监控器也有一个不同的接口模型。当一个进程调用监控器上的一个条目时，进程的控制流被转移，就像在对象的情况下一样——也就是说，从概念上讲，在监控器内执行条目的控制流是调用进程的一种。如前所述，对于人工品来说，情况并非如此。监控器可以在其他监控器中执行操作，尽管这是一种容易出错的做法，很容易导致死锁的情况，事实上，当一个监控器调用另一个监控器的条目时，调用监控器的锁不会被释放。人工品使用可链接性作为一种更规范的方式来模拟人工品之间的交互。

5.4 参考资料

在经典的人工智能观点中（Russell 和 Norvig，2003），环境的概念被用来识别外部世界（相对于系统而言，是一个单一的 Agent 或一组 Agent），它被 Agent 感知并采取行动，以便完成它们的任务。在 Agent 和多 Agent 系统的文献中，环境是一个主要的概念，明确表示 Agent 所处的计算或物理场所，定义了 Agent 感知、动作和 Agent 目标的概念，以 Agent 所要实现的世界状态来定义。环境作为 MAS 工程的头等抽象的想法在面向 Agent 的软件工程的背景下发展起来（Weyns 等人，2007），通过将环境视为封装功能和服务以支持 Agent 活动的合适场所来增强经典观点。我们请感兴趣的读者参考 Weyns 和 Parunak（2007）对这一背景下的研究综述。在这些工作中，有些人探讨了侧重于架构层面的想法；在这种情况下，MAS 的架构被扩展为环境层，封装了一些功能（Weyns 和 Holvoet，2006）。而其他一些人则将这一想法探讨到了编程层面（Ricci 等人，2010），这也是本书采用的观点。

环境接口标准（Environment Interface Standard，EIS）倡议（Behrens 等人，2011）给出了涉及 MAS 中环境维度的另一个重要视角，该倡议为整合用不同 Agent 技术编写的 Agent 在同一应用环境中工作提供了有效支持。例如，EIS 已经被用来整合用 GOAL 语言开发的认知 Agent（Hindriks，2009），成为虚幻游戏环境中的机器人（Hindriks 和 Dix，2014），并作为多 Agent 编程竞赛的参考环境接口（Behrens 等人，2012）。

5.5 练习

练习 5.1 对 5.2 节中介绍的计算器人工品做如下扩展：

    a）增加一个操作 sum(a: double, ?result: double)，计算传入的参数 a 和最后的结果之和，相应地更新可观察的属性和输出参数；

    b）增加一个操作来记忆最后的结果（storeResult），以便在将来通过回调操作来调用它，这意味着用存储的结果来重置 lastResult 可观察属性。

    编写一个 JaCaMo 程序，由 Agent 测试计算器。

练习 5.2 设计并实现一个 SharedDictionary 人工品，作为一个共享字典。这个字典记录了由一个关键字（一个 String）和一个相应的内容（一个 Jason Term）标识的信息项。这个人工品应该提供一个操作，用于添加新的信息项目和检索一个给定关键字的信息项目。

练习 5.3 对前面的人工品进行扩展，可以把字典的内容状态看作是可观察的，这样 Agent 就可以观察到这种状态，并有可能对它的变化做出反应。

练习 5.4 为玩 tictactoe 游戏的 Agent 设计并实现一个 TicTacToeBoard 人工品。

练习 5.5 实现一个完整的井字型 JaCaMo 游戏（tic-tac-toe），其中两个 Agent 使用 TicTacToeBoard 人工品进行游戏。

第 6 章

Agent 及其环境的编程

在这一章中，我们通过考虑一个被称为智能房间的小型（但很现实）场景，来实践在环境中对 Agent 进行编程。我们将逐步对一个简单的单 Agent 系统进行编程，控制房间的温度。该案例研究进一步扩展到位于同一工作环境中的多个 Agent，在第 7 章中重点讨论 Agent 之间的交互编程，在第 9 章中重点讨论 Agent 组织的编程。这两章都研究了我们如何协调 Agent 的工作，使它们产生一致和合作的整体行为。

6.1 主动式智能房间的编程

我们从一个非常简单的 JaCaMo 程序开始介绍，该程序的目标是控制一个房间的温度，使其达到某个期望值。由于多个设计和编程维度具有可用性，我们在此研究如何逐步利用它们。现在，我们专注于环境中的自治 Agent 和人工品的编程。

设计 Agent 和环境。为了设计环境以及在其中运行的 Agent，我们应用了第 2 章中讨论的关注点分离原则。如图 6.1 所示，我们用如下方式设计第一个 JaCaMo 程序：

❑ 系统自治地实现其目标所需的控制和决策活动。我们用 Agent 的抽象来封装它们，并定义了一个 room_controller Agent。这个 Agent 有一个最初的简单目标，即把房间的温度带到某个特定的值。

❑ 实现这些活动所需的工具或资源，即 Agent 为实现其目标所需的工具和资源。这些工具和资源还包括与外部环境对接和交互所需的东西。我们使用环境抽象对其进行建模和编程。

❑ 一个具有基本动作和可观察属性的 hvac 人工品，为 Agent 提供控制暖通空调（HVAC）设备的方法、封装和隐藏相关机制。

❑ 一个 room 工作空间，代表 Agent 和人工品（逻辑上）所在的房间位置。

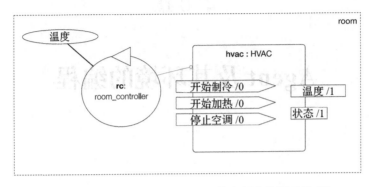

图 6.1　room_controller Agent 在 room 工作空间中作用于并感知 hvac 人工品

在这个简单的案例中，hvac 人工品触发了一个加热或冷却的活动，在某些时候需要停止或启动（见图 6.2）。它有以下的使用接口：

❑ startCooling 操作，开始制冷，开启 HVAC 设备中的制冷过程。

❑ startHeating 操作，开始加热。

❑ stopAirConditioner 操作，停止制冷或加热。

这些操作没有参数。

使用界面还包括可观察的属性，使 Agent 有可能感知世界的状态：

❑ 温度（temperature）可观察属性，代表房间的当前温度，这将由 HVAC 设备的温度计组件测量。

❑ 状态（state）可观察属性，代表 HVAC 的当前状态，可能是 idle, cooling 或 heating。

想要将工具和资源的编程从 Agent 中的控制和决策中分离出来，只要保持 Agent 和环境之间的接口稳定，也就是定义 Agent 使用接口的一组动作和可观察的属性，就可以对它们中的每一个进行独立改进。例如，我们可以设想在 room_controller agent 中编程的不同控制策略下重复使用同一个 hvac 人工品。同样的 room_controller agent 也可以用于不同类型的 HVAC 物理设备，这些设备可以由具有相同接口的不同人工品来表示。Agent 和人工品抽象的可用性促进了关注点的分离，并允许模块化，这反过来又有助于抽象、重用性和可扩展性。

图 6.2　`hvac` 人工品的状态图

设计 Agent 和人工品的良好实践

在设计层面，我们应该先确定 Agent，还是先确定人工品？实际上，没有严格的规则。根据不同的应用，这两种活动可以在迭代设计中同时进行，也可以按顺序进行，先确定 Agent，再确定人工品，也就是先定义操作和可观察的属性，以满足动作和信念的要求，或者反过来，在可观察的属性和操作的基础上考虑信念和动作。最重要的是为定义人工品使用界面提供正确的抽象，以便 Agent 可以对其采取动作并感知其状态的正确属性。

对人工品中的工具和资源的设计和编程与在 Agent 中的控制和决策是分开的，只要定义人工品的使用界面的一组动作和可观察的属性保持稳定，就可以对它们中的每一个进行独立改进。最终的目标是能够在不同的控制策略下重复使用同一人工品，并在具有相同使用界面但以不同方式实现的不同人工品上使用同一 Agent。

房间控制者 Agent 的编程。根据上一节中的决定和设计，我们对 `room_controller` Agent 进行编程，首先定义其目标，然后定义实现目标的计划。

我们首先对 Agent 的达成目标进行编程，它代表我们期望 Agent 完成的任务。正如第 4 章所解释的，达成目标是由操作符 "!" 以及后续跟随一个符号来表示的。一个符号是逻辑编程中的一个原子公式，可能是否定的。在我们运行的例子中，达成目标可以写为：

```
!temperature(TargetValue)
```

逻辑变量 TargetValue 代表一个具体的数字，例如，在 !temperature(24)
中。其含义是，Agent 的目标是达到指定室温的世界状态。这个表示法明确指
temperature(Value) 这个文本表达，也就是用来表示 Agent 对当前温度的信念的
同一个文本表达。这个信念对应于从 hvac 人工品中感知到的温度可观察属性。这个属
性被设计为代表环境的当前温度。这个信念是自动产生的，一旦 Agent 开始观察 hvac
人工品，就会在 Agent 的信念基础上保持更新。每当人工品改变其可观察的属性时，
Agent 就会通过感知自动感知到这种变化，相应的信念就会被更新，并产生一个信念改
变的内部事件。

　　Agent 希望实现世界的一种状态，在这种状态下，该属性具有指定的目标值。目
标可以在运行时（例如，通过通信，如下一章所述）或在 Agent 启动时动态地分配给
Agent，或者甚至可以在 Agent 源代码中静态地指定。

　　当给定一个要实现的目标时，我们必须对如何处理这种目标进行编程，也就是决
定哪些计划可以用于实现这个目标。定义这些计划的策略取决于 Agent 可以用来影响
环境的可用动作集。这样一个集合受到系统所在的物理环境或仅仅是外部环境的限制
（例如，物理 HVAC 系统所提供的功能）。通过定义动作和可观察属性的集合，人工品
使得设计 Agent 可访问的逻辑环境成为可能——从 Agent 的角度选择最佳的抽象水平。

　　考虑到 hvac 人工品的使用界面中的一组动作，为实现目标 !temperature
(TargetValue) 的计划的第一个简单策略是：

1. 如果当前温度高于目标温度，则开始制冷。一直持续制冷，直到达到目标温度。

2. 类似地，如果当前温度较低，就开始加热。

3. 在达到目标温度时停止工作。

这个策略可以通过以下三个计划来实现：

```
@start_cooling // start_cooling是计划的名字
+!temperature(T) : temperature(C) & C > T
<- startCooling;
   !cool_until(T).

@start_heating
+!temperature(T) : temperature(C) & C < T
<- startHeating;
   !heat_until(T).

@stop
+!temperature(T) : temperature(T)
```

```
  <- stopAirConditioner;
     println("Temperature reached ",T).
```

在我们的例子中，这三个计划是由同一个触发事件触发的，即 `+!tempera-ture(T)`，也就是达到指定温度的新目标。

一个 Agent 可以有多个与要实现的同一目标相关的计划，将其作为备选方案，根据情况进行使用。在我们的例子中，当感知到的温度高于、低于或等于目标温度时，必须分别使用以下这三个计划。第一个计划适用于 Agent 认为当前温度高于要达到的温度时。在这种情况下，动作是开始冷却环境（动作 `startCooling`），然后继续进行，直到感知的温度是目标温度，这就是子目标 `!cool_until(T)` 的原因。第二个计划是类似的，当温度低于预期时，它被选中，并通过启动加热系统采取行动。当感知到的温度是期望的温度时，第三个计划被选中，并简单地停止空调系统（动作 `stopAirConditioner`），然后在标准输出上打印一条信息。

这第一个例子使我们能够介绍和讨论 Agent 编程的一个主要特征，即可以将一个目标分解为子目标，然后为每个子目标定义相应的计划。这是 Agent 设计和实施模块化的一个重要特征。在计划 `@start_cooling` 和 `@start_heating` 的代码中，`!heat_until` 和 `!cool_until` 是创建子目标的例子。例如，当 `!heat_until` 被执行时，一个新的目标事件被生成，`@start_heating` 计划的执行被暂停，直到目标被实现，或目标失败被生成。因为它是一个有意图在执行中的目标的子目标，当找到一个适用的计划来处理它时，不会创建新的意图，而是将该计划堆叠在已经在执行的与同一意图相关的计划之上。

为实现子目标 `!heat_until`，计划的可能实现方式如下：

```
@heat_until_stop
+!heat_until(T): temperature(T)
  <- stopAirConditioner;
     println("Temperature reached ",T).

@heat_until_heat
+!heat_until(T): temperature(C) & C < T
  <- .wait({+temperature(_)}); // 等待直到温度改变
     !heat_until(T).

@heat_until_loop
+!heat_until(T): temperature(C) & C > T
  <- !temperature(T).
```

程序可以解释为，在达到目标温度的情况下，停止 HVAC（计划 `@heat_until_stop`），否则，继续加热。也就是说，如果温度仍然低于它应该达到的温度（计划 `@heat_until_heat` 和 `@heat_until_loop`），将继续尝试实现 `!heat_until(T)`

目标。

为了避免计划上下文中公式表达的重复，我们可以定义类似 prolog 的规则，对代码进行重构如下：

```
is_colder_than(C,T) :- temperature(C) & C < T.
is_warmer_than(C,T) :- temperature(C) & C > T.
in_range(C,T) :-
    not is_colder_than(C,T) & not is_warmer_than(C,T).

@start_cooling
+!temperature(T) : temperature(C) & is_warmer_than(C,T)    <- ...

@start_heating
+!temperature(T) : temperature(C) & is_colder_than(C,T)    <- ...

@stop
+!temperature(T) : temperature(C) & in_range(C,T) <- ...

@heat_until_stop
+!heat_until(T)  : temperature(C) & in_range(C,T) <- ...

@heat_until_heat
+!heat_until(T)  : temperature(C) & is_colder_than(C,T)    <- ...

@heat_until_loop
+!heat_until(T)  : temperature(C) & is_warmer_than(C,T)    <- ...
...
```

最后，我们通过考虑阈值来进一步完善解决方案，以避免出现滞后现象。为此，我们在 Agent 程序中增加了一个信念阈值 threshold（Th）来跟踪阈值，并对谓词进行了如下修改：

```
threshold(5).
...
is_colder_than(C,T) :-
    temperature(C) & threshold(DT) & (T - C) > DT.
is_warmer_than(C,T) :-
    temperature(C) & threshold(DT) & (C - T) > DT.
```

因此，除了用来表示 Agent 可用的环境信息外，信念还可以在 Agent 方面用来记录任何种类的内部信息（即心理笔记），这些信息可以通过计划中使用的特殊内部动作来更新。当一个信念出现在 Agent 代码中时，我们称它为*初始信念*。信念也可以用来表示通过通信从其他 Agent 那里收到的信息。

理论推理与实践推理

在 Agent 编程中，我们可以使用两种类型的推理：理论推理，即通过查询信念基和衍生新的信念来推理信念；以及实践推理，即通过将目标分解为子目标，对子目标动作的执行来进行推理。实践推理是由 Agent 计划来体现的,而理论推理是由类似于 prolog 的规则来体现的。这种规则被用来从感知的、交流的或生成的信念中推导出新的信念。它们还被用来简化计划中使用的条件的书写,使其更加简洁、易读。使用这种规则有助于使计划的内容更加紧凑。它们可以用来对出现在 Agent 计划的上下文部分的一些条件进行因子化。

HVAC 人工品的编程。现在我们考虑一下 hvac 人工品的实现,实现上一节中设计的使用界面(如图 6.1 所示)。在实际应用中,实现 HVAC 的人工品将包裹用于访问物理设备的代码、管理执行器和传感器。在这个例子中,我们从这个层面上抽象出来,实现一个模拟的 HVAC。

正如第 5 章中所介绍的,通过扩展 Artifact 类来定义一个人工品。操作被实现为用 @OPERATION 注释的方法,而可观察的属性是通过 defineObsProperty 基元定义的。它们可以通过 getObsProperty 方法被访问。从上一节给出的设计来看,HVAC 人工品模板有几个可观察的属性 —— 状态(state)和温度(temperature)—— 以及开始和停止冷却 / 加热的操作。它们的编程如下:

```java
public class HVAC extends Artifact {

  void init(double initialTemperature){
    defineObsProperty("state","idle");
    defineObsProperty("temperature",initialTemperature);
  }

  @OPERATION void startHeating(){
    getObsProperty("state").updateValue("heating");
    execInternalOp("updateTemperatureProc",0.5);
  }

  @OPERATION void startCooling(){
    getObsProperty("state").updateValue("cooling");
    execInternalOp("updateTemperatureProc",-0.5);
  }

  @OPERATION void stopAirConditioner(){
    getObsProperty("state").updateValue("idle");
  }

  @INTERNAL_OPERATION void updateTemperatureProc(double step){
    ObsProperty temp = getObsProperty("temperature");
    ObsProperty state = getObsProperty("state");

    while (!state.stringValue().equals("idle")){
      temp.updateValue(temp.doubleValue() + step);
      log("Temperature: "+temp.doubleValue());
```

```
        await_time(100);
    }
  }
}
```

名称用于定义一个操作（如 startHeating）或一个可观察的属性（如温度），然后必须在 Agent 方以同样的方式来指代相应的动作和信念。

在这个模拟版本中，加热／冷却操作直接改变了温度的值，分别一步一步地增加或减少。这个增加／减少的过程是由内部操作 updateTemperatureProc 实现的，该操作由 execInternalOp 原语触发。

定义和运行智能房间 JaCaMo 程序。为了完成我们的第一个 JaCaMo 程序，我们需要定义主应用程序文件，指定必须创建的初始 Agent 和人工品集，它们在工作空间的位置，以及其他配置细节。

```
1   mas smart_room {
2
3     agent rc : room_controller.asl {
4       goals: temperature(21)
5       focus: room.hvac
6     }
7
8     workspace room {
9       artifact hvac: devices.HVAC(15)
10    }
11  }
```

在这种情况下，我们有一个单独的 room 工作空间（第 8 行），托管一个名为 room_controller 的 Agent（第 5 行；通过关注位于 room 工作空间的 hvac 人工品，Agent 加入了这个工作空间），以及一个名为 hvac 的人工品（第 9 行），其结构和行为由 Java 类定义，其全称是 devices.HVAC，也就是说，HVAC 类被存储在一个名为 devices 的包中。应用文件允许我们通过指定参数（例如，例子中的 15）来实例化人工品，这些参数被传递给人工品构造函数 init。

应用文件还允许指定（第 4 行）Agent 的初始信念和目标集（例如，在我们的例子中，目标 temperature(21)），以及指定 Agent 在被催生时（在应用文件中用于房间工作空间中的 hvac 的指令焦点）想要观察的人工品（即 hvac）。在这个简单的例子中，系统的所有组件都是在应用文件的初始化时间定义的。然而，正如第 5 章所介绍的和将要进一步讨论的，系统中的元素（例如，Agent、人工品、工作空间、目标和信念）可以在运行时由 Agent 自行定义。

```
CArtAgO Http Server running on http://192.168.125.30:3273
Jason Http Server running on http://192.168.125.30:3272
[Cartago] Workspace room created.
[hvac] Temperature: 15.0
[Cartago] artifact hvac: devices.HVAC(15) at room created.
[room_agent] joinned workspace room
[room_agent] focusing on artifact hvac (at workspace room) using namespace default
[room_agent] It is too cold -> heating...
[room_agent] Temperature perceived: 15
[hvac] startHeating
[hvac] Temperature: 15.5
[room_agent] Temperature perceived: 15.5
[hvac] Temperature: 16.0
[room_agent] Temperature perceived: 16
[hvac] Temperature: 16.5
[room_agent] Temperature perceived: 16.5
[hvac] Temperature: 17.0
[room_agent] Temperature perceived: 17
[hvac] Temperature: 17.5
[room_agent] Temperature perceived: 17.5
[hvac] Temperature: 18.0
[room_agent] Temperature perceived: 18
[hvac] Temperature: 18.5
[room_agent] Temperature perceived: 18.5
[hvac] Temperature: 19.0
[room_agent] Temperature perceived: 19
[hvac] Temperature: 19.5
[room_agent] Temperature perceived: 19.5
[hvac] Temperature: 20.0
[room_agent] Temperature perceived: 20
[hvac] Temperature: 20.5
[room_agent] Temperature perceived: 20.5
[hvac] Temperature: 21.0
[room_agent] Temperature perceived: 21
[hvac] Temperature: 21.5
[hvac] stopAirCond
[room_agent] Temperature perceived: 21.5
[room_agent] Temperature achieved 21
```

图 6.3　智能房间执行

智能房间的执行如图 6.3 所示，在这第一个实现中，我们有一个非常简单的例子，即 Agent 感知和动作的 hvac 人工品。目标导向的行为是由用户在应用文件中用初始目标 temperature(21) 固定的。Agent 只是在执行这个目标下的环境状态中可能的计划。在下文中，我们将介绍 Agent 如何创建目标并使其目标导向行为适应环境的演变。

6.2　为智能房间增加反应性

Agent 的一个主要特点是能够对从环境中感知到的事件做出迅速反应，同时也能主动执行行为，通过执行适当的动作来实现目标。为了在我们的运行实例中看到这一点，我们扩展了 room_controller Agent 的能力，因此，除了能够使环境温度达到指定水平外，我们还希望 Agent 能够保持所需的温度。也就是说，在达到一个特定的温度后，室温可能会发生变化，在这种情况下，Agent 应该对环境中的这种变化做出反应，以便将温度恢复到所需的水平。

为了使 Agent 能够对环境的演变做出反应，我们利用了 Agent 编程的一个主要特点：使用 Agent 计划对反应行为进行编程。这些计划被触发并执行，以应对从环境中感知到的变化，或者更准确地说，对环境状态的信念的变化。

因此，我们用下面的计划来扩展 room_controller 的计划集。

```
+temperature(C):
    preferred_temperature(T) & not in_range(C,T) &
    not .desire(temperature(_))
  <- !temperature(T).
```

每次在当前室温的信念发生变化（即由事件 +temperature(C) 表示）时，这个计划就可能被触发。如果新的感知温度超出了某些首选温度的范围，并且 Agent 还没有实现目标温度的意图（使用内部操作 .desire），则会创建一个新的目标 !temperature(T)。

对反应性和主动性行为的编程

基于以下简单的代码模式，可以在 Agent 中编程两种主要的行为：

❏ 目标导向的行为。在这种情况下，计划是由创建一些目标（例如 !g1）来触发的，该计划旨在实现

```
+!g1 : ... <- ...
```

❏ 信念导向的行为。在这种情况下，一个计划是由建立某种信念（在下面，b）来触发的。

```
+b : ... <- ...
```

在这两种主要触发模式的基础上，人们可以在 Agent 中编程：

❏ 反应性行为。在这种行为中，Agent 在对某些事件的反应中执行动作，也就是说，由创建相应的信念所触发的计划主体是由要执行的动作组成的。

❏ 主动性行为。在这种行为中，Agent 在对某些事件的反应中创造目标，也就是说，将目标和子目标的实现连锁起来。

```
+b : ... <- !g1.
+!g1 : ... <- a1; !g2; a2.
+!g2 : ... <- ...
```

为了跟踪首选的理想温度，我们引入了新的信念 preferred_temperature/1。该信念可以在处理 !temperature(T) 目标的计划中被改变（创建或更新）。room_controller Agent 的计划可以被修改如下：

```
+!temperature(T)
  <- -+preferred_temperature(T);
     !achieve_temperature(T).

+!achieve_temperature(T) : temperature(C) & in_range(C,T)
  <- println("Temperature reached ",T).

+!achieve_temperature(T) : temperature(C) & is_colder_than(C,T)
  <- println("It is too cold, heating up...");
     startHeating;
     !heat_until(T).

+!achieve_temperature(T) : temperature(C) & is_warmer_than(C,T)
  <- println("It is too hot, cooling down...");
     startCooling;
     !cool_until(T).
```

在第一个计划中，操作 -+ 使用新的值来更新信念，方法是通过原子化地对各自的信念（-preferred_temperature(_)）进行删除，然后将其添加到新的值（+preferred_temperature(T)）。

在人工品方面，HVAC 人工品被扩展到包括一个 GUI，允许用户通过滑块组件动态地改变温度，以模拟真实环境。一旦我们改变了房间的温度（通过 GUI），Agent 就会做出相应的反应，将当前的温度驱动到首选温度。

通过人工品与用户互动

在 JaCaMo 中可以使用人工品来开发 GUI 组件，允许 Agent 与用户互动。这可以通过单独开发 GUI 元素来实现，然后利用 CArtAgO API 安全地访问这些元素的人工品，以便更新可观察的属性。为了说明这种方法，HVAC 人工品配备了一个 TemperatureSensorPanel 框架——使用 Java Swing API 实现——允许用户通过 JSlider 组件动态地改变温度。

```java
public class HVAC extends Artifact {
  private TemperatureSensorPanel sensorPanel;

  void init(int temp, int prefTemp){
    ...
    sensorPanel = new TemperatureSensorPanel(this,temp);
    sensorPanel.setVisible(true);
  }
  ...
  void notifyNewTemperature(double value){
    getObsProperty("temperature").updateValue(value);
  }
}

class TemperatureSensorPanel extends JFrame {
  private JTextField tempValue;
  private JSlider temp;
```

```
public TemperatureSensorPanel(HVAC hvac, int startTemp){
  setTitle("..:: Temperature Sensor ::..");
  ...
  temp = new JSlider(JSlider.HORIZONTAL, 5, 45, startTemp);
  temp.addChangeListener((ev) -> {
    JSlider source = (JSlider) ev.getSource();
    int value = (int) source.getValue();
    tempValue.setText(""+value);
    if (!source.getValueIsAdjusting()) {
      hvac.beginExtSession();
      hvac.notifyNewTemperature(value);
      hvac.endExtSession();
    }
  });
  ...
  }
}
```

在面板的源代码中，每当滑块的位置发生变化时，就会执行一个连接到滑块组件的监听器。执行监听器的控制流是来自 Swing 工具包的控制流（即 Swing 事件调度器线程）。为了允许外部控制流与人工品交互，而不干扰环境运行时使用的控制流，必须通过人工品提供的 beginExtSession 方法明确地请求一个外部会话。在开始会话后，外部控制流可以以一种相互排斥的方式安全地执行人工品（例如 hvac.notifyNewTemperature），而不会产生干扰。会话必须用 endExternalSession 关闭，指定它是否成功，以便释放对人工品的独占访问。

6.3 为智能房间增加容错

在前两节中，我们解释了如何为一个既主动又反应的 Agent 进行编程。反应性也意味着对 Agent 在开放、动态和不可预测的环境中执行动作时可能发生的故障做出反应的能力。然而，在这个阶段，应用程序还不能反应和处理这种环境。在本节中，我们将研究如何对 MAS 进行编程，使其能够处理执行过程中可能出现的故障。建模和处理异常和故障是多 Agent 编程的一个重要特征，特别是在处理开放、动态和不可预测的环境时。在 JaCaMo 中，这涉及以下两个方面：

❑ 在人工品方面的操作可以被编程，以便中断其执行，产生一个失败的动作事件，并报告关于所发生的问题的信息。

❑ 在 Agent 方面，执行失败的动作（操作）的计划被中断，并产生一个目标删除事件（前面有 -! 的事件），这个计划就可以被为此目的而设计的计划（称为应急计划）来妥善管理。

处理人工品中的故障。我们想在例子中模拟 HVAC 损坏的情况，因此，像

startHeating（或 startCooling）这样的操作将无法工作。因为这个问题必须在 Agent 层面上进行处理，而不是通过使用经典的异常机制在人工品内部进行处理，所以它是通过一个失败的动作事件来实现的，该事件是通过基元的失败产生的，如下所示：

```
public class HVAC extends Artifact {
    ...
  @OPERATION void startHeating(){
    if (<check for the presence of failures>){
      failed("HVAC Broken Failure","broken_hvac",FAILURE_CODE)
    } else {
      getObsProperty("state").updateValue("heating");
      execInternalOp("updateTemperatureProc",0.5);
    }
  }
    ...
}
```

基元失败被用来中断操作的执行。此基元的参数用于与执行该操作的 Agent 共享产生故障的执行环境。这些参数指定了一个失败描述的文本消息（上面的例子中的 HVAC 失败），还可以指定一个适合在 Agent 端处理的结构（broken_ hvac(FAILURE_CODE)），该结构表示失败的原因。

处理 Agent 中的失败。在 Agent 侧，我们可以写下一个或多个应急计划，对目标删除事件所通知的失败做出反应。

对失败的反应是通过 env_failure_reason 来检查失败原因，它对生成的目标删除事件进行注释：

```
+!temperature(T) : temperature(C) & C < T
  <- startHeating;
     !heat_until(T).

-!temperature(T) [error(broken_hvac(CODE)),error_msg(Msg)]
  <- println(Msg);
     !inform_owner(broken_hvac(CODE)).
```

不同种类的应急计划可以被指定，以应对不同种类的失败，这些失败是通过人工品中失败方法的参数定义的；这些参数由附加到生成的事件的注释进行报告。

6.4　让智能房间具有适应性

由于智能房间的 Agent 目前是可编程的，它们没有准备好根据环境的演变（例如，用户偏好的改变、删除和引入一些人工品）或 Agent 本身的演变（例如，增加新的计划）来调整其行为。然而，自治 Agent 的一个重要特征是适应性，也就是灵活和动态地调整其行为的能力。Agent 编程语言为管理 Agent 程序中的意图和目标提供了头等的支持。

让我们考虑进一步扩展我们的例子，允许在环境中引入动态。例如，通过一个控制面板，我们将让用户动态地改变房间的首选温度。在这种情况下，room_controller Agent 不仅要对房间温度的变化做出反应，还要对首选温度的变化做出反应，这直接决定了 Agent 的目标。特别是，如果一个新的首选温度被指定，而 Agent 有一个持续的意图来实现先前的首选温度，那么 Agent 必须放弃该意图并创建一个新的意图。为此，信念 preferred_temperature 不再由 Agent 创建，而是成为环境中 hvac 人工品的可观察属性。这个可观察的属性的值可以由用户动态地改变。

为了处理这个新功能，Agent 程序中新计划的第一个实现是

```
@p1
+preferred_temperature(T):
    temperature(C) &
    not in_range(C,T) & not .desire(temperature(_))
 <- println("Reacting to temperature preference change");
    !temperature(T).

@p2
+preferred_temperature(T):
    temperature(C) &
    not in_range(C,T) & .desire(temperature(T1))  & T1 \== T
 <- println("Reacting to temperature preference change");
    .drop_desire(temperature(T1));
    stopAirConditioner;
    !temperature(T).
```

第一个计划 @p1 是在 Agent 还没有实现目标温度的意图时选择的[⊖]；在这种情况下，新的目标被简单地创建。第二个计划 @p2 是在 Agent 已经在追求实现某个温度的目标，而新的首选值是不同的时候使用的；在这种情况下，Agent 必须放弃当前的意图，在创建新目标之前使用内部动作 .drop_desire。

如果 Agent 同时感知到温度和首选温度发生了变化，这个解决方案就有问题。例如，如果感知到 temperature(T) 的变化，从而实例化了一个新的意图执行计划 p1，但是在创建子目标 !temperature(T) 之前，preferred_temperature(T) 发生了变化，会发生什么？在这种情况下，计划 p2 将被选择执行，因为它确实不是 .desire(temperature(_))。所以两个相互干扰的意图将被执行。这是一个当 Agent 把应该以原子方式执行的检查和动作块交织在一起时出现干扰的例子；原子计划特性可以用来避免这样的问题。在这种情况下，这涉及检查上下文中的条

⊖ 回想一下，意图是 Agent 承诺通过特定计划实现的愿望（目标）。虽然我们可以使用 .drop_intention，但是 .drop_desire 更通用，因此我们在示例中使用了它，尽管书中提到了意图。

件 .desire(temperature(_)) 和计划主体中的动作 !temperature(T)。这样的原子行为可以通过在计划 @p1、@p2、@p3 上注释原子属性来执行，如下所示：

```
@p1[atomic]
+temperature(C):
    preferred_temperature(T) & not in_range(C,T) &
    not .desire(temperature(_))
  <- // ...
    !!temperature(T).

@p2[atomic]
+preferred_temperature(T):
    temperature(C) &
    not in_range(C,T) & not .desire(temperature(_))
  <- // ...
    !!temperature(T).

@p3[atomic]
+preferred_temperature(T):
    temperature(C) &
    not in_range(C,T) & .desire(temperature(T1)) & T1 \== T
  <- // ...
    !!temperature(T).
```

用一个 atomic 标记对计划标签（例如 @p1）进行注释，可以确保不会有其他意图被选择来与这个计划交错执行。

我们可以注意到，计划的主体已经被更新，用 !!temperature 替换了子目标 !temperature 的发布，这说明发布了一个新的目标，该目标用一个单独的意图来管理。也就是说，temperature 不再是当前意图的一个子目标，而是一个单独的、平行的目标。在这种特定情况下，需要这个功能，因为如果我们从一个原子计划中实例化一个子目标，那么在执行为处理该子目标而触发的计划时，原子约束也会被保留：它是意图层面的一个属性。在我们的案例中，这不是我们想要的行为，因为在实现新的温度时，Agent 应该能够反应并交错不同的意图，而原子计划本身可以很快完成。

通过动态地改变计划库来调整行为

正如本章所讨论的，Agent 可以控制它们的意图，正如前面所讨论的，它们也可以控制自己的信念和执行。例如，Agent 可以创建、检查和放弃它们自己的意图，从而修改它们所承诺的目标。尽管如此，Agent 也可以控制它们的计划：计划库和其他心理组件一样可以被管理。为了在程序中得到处理，计划必须被表示为项，为此，我们用 { 和 } 把它们括起来。例如，{+! g <- .print(hello)} 可以作为一些文字或内部动作的项。处理计划库的主要操作将在后文中简要介绍。

❑ **检查**。内部动作 `.relevant_plans(TE,L,LL)` 可以用来在列表 L 中检索事件 TE 的所有相关计划；LL 参数是可选的，对应于 L 中计划的标签。例如，`.relevant_plans({+temperature(_)},L)` 将 L 与事件 +temperature(_) 的相关计划列表统一。

❑ **添加**。内部动作 `.add_plan(P)` 用于在计划库中添加计划项 P。例如，`.add_plan({@ll +!g : today(ok) <- .print(hello)})` 将计划 @ll 添加到计划库中。

❑ **删除计划**。使用 `.remove_plan(L)` 内部动作，通过其标签删除计划。例如，`.remove_plan(ll)` 将标签为 ll 的计划从计划库中删除。

Agent 不仅可以控制自己的心理状态（信念、意图和计划），而且还可以影响他人！这就是所谓的"影响"。沟通的表述性动词如 tell 和 achieve，是用来影响他人的信念和意图的，而表述性动词 tellHow 通过在接收者的计划库中增加一个计划来影响他人的计划库。当然，一个 Agent 可以拒绝接受他人发送的信念、意图和计划。下一章将详细介绍 Agent 之间的交流并解释这些问题。

这些编程特征提高了自治性（Agent 控制自己的心理状态和程序）和社会性（Agent 可以影响他人的心理状态和程序）。下面的元计划说明了这些特点：

```
-!G[error(no_relevant)] : teacher(T)
   <- .send(T, askHow, { +!G }, Plans);
      .add_plan(Plans);
      !G.
```

这个计划对目标失败做出反应是因为没有相关的计划，并且由于 G 是一个变量，它可以用于任何目标。该计划包括向老师 T 询问实现目标 G 的计划，将答案（计划汇总成 Plans）添加到计划库中，并重新尝试失败的目标。

6.5 我们学到了什么

在这一章中，我们学习了如何编写第一个简单的多 Agent 程序，其中一个 Agent 在一个由简单人工品组成的动态环境中感知和行动。提出的关键概念和能力是：

❑ 设计和编程一个具有主动行为（它的行为是为了根据一些计划实现目标）和被动行为（它对环境中的相关变化及时做出反应）的 Agent。我们为这种设计提供的编程工具是：

○ Agent 的目标和信念。

○ 目标导向的和信念导向的计划（用于实现目标和对环境变化做出反应）。

○ 应急计划（用于处理在开放、动态和不可预测的环境中动作执行失败的情况）。

○ 操纵 Agent 的内部精神状态（用于使 Agent 的行为适应环境的变化）。

❑ 设计和编程一个 Agent 所处的环境。我们为这个设计所拥有的编程工具是

○ 人工品使用界面（在操作和可观察的属性方面）。

○ 环境进程和功能（在人工品行为方面）。

○ 将现有的非 Agent 资源（如对象、遗留代码和库）包装成人工品。

在这个简单的 MAS 的定义中，本章还介绍了如何处理人工品和 Agent 层面的失败，以及如何在动态环境中调整 Agent 的行为。

6.6　练习

练习 6.1　在练习 4.1 中，你必须写一个通过在糕点店购买蛋糕来拥有一个蛋糕的计划。为一个盲目承诺的 Agent 创建一个计划模式（即，它将一直尝试购买蛋糕，直到实现这一目标）。改变这个模式，使 Agent 对这个目标有一个单一的承诺；也就是说，如果它认为已经不可能买到蛋糕（例如，所有的商店都关门了），它将不再尝试实现这个目标。

练习 6.2　在练习 4.2 中，你必须写一个烤制蛋糕的计划。写一个应急计划，以备实现目标的计划失败时使用（例如，你没有该类型蛋糕的食谱）。在这种情况下，你需要去糕点店买那种类型的蛋糕。

练习 6.3　智能房间变成了绿色，并且购买了一个新的绿色 HVAC。设计并实现一个 GreenHVAC 人工品，作为基本 HVAC 的延伸，包括以下功能：

❑ 现在可以观察到自它被打开以来所消耗的能量，单位是千瓦时，假设：

○ 设备的功率 P（千瓦）是作为人工品的一个参数传递的；

○ 消耗的能量可以计算为 $P \times DT$，其中 DT 是开启后经过的时间（建议：内部操作可用于此目的，与 await_time 一起使用）。

❑ 它提供了一个 setGreenModeOn 操作，使其有可能减少一半的能量消耗，并提供了一个可观察的属性，代表绿色模式是开启还是关闭。

然后，扩展 RoomControllerAgent 的功能，以便应用一个绿色政策，从而实现：

❑ 如果 HVAC 在最近的 $Threshold_{period}$ 期间（$Threshold_{period}$ 可以用秒来表示）消耗

的能量超过了 Threshold$_{energy}$，它就会激活绿色模式。

❑ 如果 HVAC 总共消耗的能量超过阈值能量，则关闭设备。

练习 6.4　一个家用机器人的目标是为其主人提供啤酒。它的任务很简单：它收到主人的一些啤酒请求，去冰箱里拿出一瓶啤酒，然后把它拿回来给主人。然而，机器人还应该关注啤酒的库存（并最终使用超市的送货上门服务订购更多的啤酒）和一些由卫生部硬性规定的规则（在这个例子中，这个规则定义了每日啤酒消费的限制）。该系统由三个 Agent 组成：机器人、主人和超市。

第 7 章

对在环境中互动的多个 Agent 进行编程

Agent 的互动是多 Agent 系统的重要方面。第 4 章中介绍的关于 Agent 维度的基本机制和第 5 章中介绍的关于环境维度的基本机制能够定义各种复杂的交互类型。在这一章中，我们将更深入地研究这些方面，重点关注 Agent 基于言语 - 行为进行的直接交互和 Agent 通过环境人工品进行的间接交互。在这一章中，我们从实用的角度来看待它们，扩展前一章的智能房间场景，并涉及多个 Agent 之间的通信和协调。

7.1 对有多个 Agent 的智能房间进行编程

我们首先考虑智能房间场景的扩展，其中采用了 Agent 之间的直接通信，一个 Agent 负责多个 Agent 的协调工作。该扩展方案现在考虑允许进入房间的人设置它们的首选温度。暖通空调器物（HVAC 人工品）现在不能用单一的首选温度进行初始化。

这个想法是，每个用户由一种个人辅助 Agent 支持，代表他 / 她与应用程序中的其他 Agent 和人工品进行互动。因此，`personal_assistant` Agent 被定义为管理和产生其用户对温度的偏好，因为她 / 他可能在房间里进行活动。活动可能包括，读一本书、看一部电影或做一些运动。因为每个用户可能有他 / 她自己的方式将一些偏好的温度与活动联系起来，这取决于用户所处的环境。因此，将这些知识封装在个人 Agent 中是一个好方法。

通过 Agent 通信进行交互。正如第 4 章所介绍的，`personal_assistant` Agent

和 room_controller Agent 之间的交互是通过通信动作 .send 实现的。这个动作的第一个参数对应的是应该接收信息的 Agent 的名字（在我们后面的例子中是 Agent rc）。第二个参数对应于表示发送者意图的表述性动词，并帮助接收者解释包含信息实际内容的第三个参数。在我们的例子中，发送者打算让接收者把内容解释为一种信念，因此使用的行为动词是 tell。该内容对应于发送消息的 Agent 所代表的用户对温度值的偏好：pref_temp(T)。例如，当 personal_assistant Agent pa1 在执行如下代码时，

```
.send(rc, tell, pref_temp(10))
```

接收者 Agent，也就是 rc，将自动把信念 pref_temp(10)[source(pa1)] 包含在它的信念基础中；接收者的代码不需要为此编程。

因此，通过发送消息，JaCaMo Agent 正在改变精神状态并影响接收者的行为，无论消息的内容是信念、目标还是计划。例如，来自 personal_assistant Agent 的消息可能会在 room_controller Agent 的信念库中变成信念的补充；相应的事件会产生，然后 room_controller Agent 可以用下面的计划对它们做出反应：

```
+pref_temp(UT)[source(Ag)]
    <- .println("New preference from ", Ag, " = ",UT);
       // 如果之前的 Ag 偏好不同
       if (pref_temp(Y)[source(Ag)] & UT \== Y) {
          // 删除之前的偏好
          -pref_temp(Y)[source(Ag)];
       }
       ...
```

前面的计划为产生的信念添加了注释，如 source(...)，这样接收者就可以确定自己的心理状态的元素来源于何处。在上面发送的信息的情况下，变量 Ag 的值是 pa1。

言语行为

自治 Agent 的通信语言受到言语行为理论的强烈影响，特别是语言哲学家奥斯汀（1962）和塞尔（1969）的工作。在实践中，这意味着 Agent 之间交换的信息，存在实际内容与发送者意图的明确分离，而发送者的意图也被明确地表示出来，并以表述性动词表达。例如，一个 Agent 可以发送一个消息来改变另一个 Agent 的信念或另一个 Agent 的目标。在更实际的方面，第一个 Agent 通信语言是 KQML（Mayfield 等人，1996），随后在 FIPA Agent 通信语言方面进行了大量工作，该语言是基于 Bretier 和 Sadek（1996）最初报告的工作。关于进一步的经典参考资料和所有关于 Agent 通信的基础知识，请参见 Wooldridge（2009）的第 7 章。

表述性动词

JaCaMo 实现了一套表述性动词。关于高级功能的进一步细节，如过滤接收信念和重新定义表述性动词的语义，见 Bordini 等人（2007）。表述性动词有以下几种：

- **tell** 发送方希望接收者能将信息内容包含在其信念库中，并将发送方注释为该信息的来源。例如，Agent b 所做的动作 .send(a,tell,v(10)) 预计会导致信念 v(10)[source(b)] 被纳入 Agent a 的信念基础。

- **untell** 发送方期望接收方从其信念基础中撤回之前的信息内容。该内容对应于发送者不再持有的信念。例如，Agent b 所做的动作 .send(a, untell, v(10)) 将从 Agent a 的信念基础中收回信念 v(10)[source(b)]。

- **achieve** 预期接收方会将消息的内容作为一个新的目标，并对来源进行注释。例如，Agent b 所做的动作 .send(a,achieve,g(10)) 将包括 Agent a 的目标 !g(10)[source(b)]。

- **unachieve** 发送方希望接收方放弃实现与消息内容相对应的状态的目标。例如，Agent b 所做的动作 .send(a,unachieve,g(10)) 将放弃 Agent a 的目标 !g(10)。

- **askOne** 发送方想知道接收方是否相信信息的内容（任何与信息内容相匹配的信念）。如果接收方这样做了，它就用自己的一个信念来回答；否则就回答 **false**。例如，如果 b 执行了 .send(a,askOne,v(X))，a 通常会自动执行 .send(b,tell,v(10))，因为它相信 v(10)。当使用第四个参数时，这种表述性方式可以被同步使用。例如，如果 Agent b 的一个意图执行了 .send(a,askOne,v(X),A)，在它等待答案时，这个意图被暂停。当来自 a 的回答到达时，它与第四个参数统一起来，并恢复该意图，这样计划主体中的下一行代码就可以利用收到的响应了。

- **askAll** 这种执行方式类似于 askOne，但它检索的是所有的信息而不是一个。

- **askHow** 发送方要求接收方提供可用于处理某些特定事件的计划。例如，一个 Agent 发送 .send(a,askHow,{+!g(_)},P)，在变量 P 中会有来自 Agent a 的可用于实现目标 g 的计划列表，如果需要，它就可以将这些新闻计划加入自己的计划库。

> ❑ **tellHow** 发送方通知接收方它在其计划库中的计划。例如，Agent a 接
> 收 .send(a,tellHow, {+!start[source(X)] <- .print("hello
> from ",X).})，将在其计划库中添加计划 +!start[source(X)] <-
> .print("hello from ",X)。
>
> ❑ **untellHow** 发送方请求接收方不理会某个计划（即从其计划库中删除该计划）。

个人辅助 Agent 编程。 个人辅助 Agent 是一个个人助理，旨在管理其用户的偏好。因为控制温度已经由 room_controller Agent 完成，所以我们保持这种关注点的分离：我们希望关于房间温度的决定由所有用户共同完成，但控制权由 room_controller Agent 负责，而每个用户不同的偏好则由该用户的 personal_assistant Agent 管理。

用户的偏好以信念的形式存储在个人辅助 Agent 的精神状态中，如下所示：

preferred(Activity, Value)

其中 Activity 可以是阅读、观看、烹饪、运动等，Value 可以是高、中、低。

由于每个用户和每个 personal_assistant Agent 都不同，这些偏好信念在应用文件（.jcm 文件）中设置。为了计算首选温度，在 personal_assistant Agent 代码中写了如下规则：

```
// 计算当前活动的首选温度值
pref_temp(T) :-
    activity(A) &       // 当前用户活动（从 UserGUI）
    preferred(A,L) &  // 用户偏好（在应用文件中给定）
    level_temp(L,T).  // 以下的映射

// 将低、中、高温度等级映射为数字
level_temp(low,    10).
level_temp(medium, 20).
level_temp(high,   30).
```

这段代码代表了 Agent 用来决定要求的房间温度的信念和规则。我们在这里清楚地看到这与前一章的区别，在前一章中，所有的信息和决定都是由一个 Agent 管理的。使用 personal_assistant Agent 来处理这类信息的兴趣在于它们是个人的，并且 Agent 可以采取适当的决定，同时保持它们的私密。

为了与人类用户互动，personal_assistant Agent 使用了一个 UserGUI 人工品。这个人工品嵌入了一个基于 Java Swing 的 GUI，以实现与用户的交互。该人工品有一个可观察的属性，即活动，描述了用户当前正在进行的活动（见图 7.1）。该属性

会根据用户在 GUI 上的动作而适当更新。

`personal_assistant` Agent 的动作是由两个计划决定的。其中一个是用于初始化：Agent 创建了一个它自己的 `UserGUI` 人工品的实例，这样它的用户就可以与它进行交互，Agent 显然需要关注它（为了感知用户的任何变化）。

```
+!create_GUI
   <- .my_name(Me); // 变量 Me 与 agent 的名称统一
      // 为人工品创建一个唯一的名称
      .concat(gui,Me,ArtName);
      makeArtifact(ArtName, "gui.UserGUI", [], ArtId);
      focus(ArtId).
```

在这种情况下，为 `UserGUI` 人工品指定的名字是基于 Agent 的名字，由内部动作 `.my_name` 检索。

第二个计划通过向 `room_controller` Agent 发送首选温度来对用户活动的变化做出反应。活动的变化是通过 Agent 所关注的 `UserGUI` 人工品的可观察属性活动的变化来感知的。

```
+activity(A) : A \== none
   <- ?pref_temp(T);                   // 从 BB 获取用户偏好的温度
      .send(rc,tell,pref_temp(T)). // 并发送给 RC agent
```

注意，在这个计划中，我们使用了 `?pref_temp(T)`。这被称为测试目标，与成就目标不同，这些目标被用来从 Agent 的信念库中检索由执行计划决定的动作过程中的信息。在这个例子中，如果能在信念库中找到一个匹配的信念，变量 T 将被实例化为一个特定的值；否则，将寻找一个形式为 `+?pref_temp(T) : ...<-...` 的计划，如果没有找到，测试目标就会失败。

上面显示的代码定义了一个 **Agent** 类型（和相应的 `.asl` 文件），可以用来创建几个 Agent。所有这些 Agent 都遵循写在 `.asl` 文件中的同一套计划、规则、初始信念和目标。这些 Agent 可以被更改，新的 Agent 可以在运行时通过通信、感知或推理添加。同一类型的 Agent 只在初始化时设定的初始信念和目标上有所不同，当然，在它们自己的执行历史中，根据与环境的不同部分和其他 Agent 的个别交互，也有不同的获得的信念和采用的目标。

修改 room-controller Agent。当收到 `personal_assistant` Agent 发送的各种首选温度时，`room_controller` Agent 必须处理所有这些温度。它产生了一个新的目标 `!temperature(T)`，涉及通过作用于 hvac 人工品的目标温度。这个新目标的产生引起了一系列的问题。它是否应该在每次 `personal_assistant` Agent 要求它这样做时做出反应并改变温度？它是否应该等待一定的时间，计算传入的偏好的平均值，然后再采取行动？它应该使用哪种策略？

对这些问题没有独特的明确答案。我们定义了一个非常基本和简单的策略来处理首选温度。我们把开发更复杂的策略作为一个练习。此外，这里的通信是基本的，因为在 room_controller 和 personal_assistant Agent 之间没有复杂的交互协议来处理两种 Agent 之间的决策过程（例如，某种形式的协商）。在 7.2 节中，通信被改进以克服在 room_controller Agent 中实现的集中决策。

下面的计划被添加到 room_controller Agent 中，这样它就可以对收到的来自另一个 Agent 的 pref_temp 做出反应（注意注释 source(Ag) 以获得信念的来源，在这种情况下，它将是发送信息的 Agent 的名字）。

```
1   +pref_temp(UT)[source(Ag)]
2     <- .println("New preference from ", Ag, " = ",UT);
3        // 如果之前偏好的 Ag 不同
4        if (pref_temp(Y)[source(Ag)] & UT \== Y) {
5           // 删除之前的偏好
6           -pref_temp(Y)[source(Ag)];
7        }
8        ?average_pt(T);
9        .drop_desire(temperature(_));
10       .println("Creating a new goal to set temperature to ",T);
11       !temperature(T).
```

当它收到某个 Agent 的首选温度时（第 1 行），这个计划通过从它的信念库中撤回同一 Agent 以前发送的任何 pref_temp 信息来更新 Agent 的信念（第 3~7 行），这样，在 room_controller Agent 的信念库中，每个 personal_assistant Agent 只有一个首选。如果 personal_assistant Agent 被编程为在向 room_controller Agent 发送新的偏好之前发送收回先前偏好的 untell 信息，那么这种更新可以被取消。然而，即使使用 untell 信息，也值得在 room_controller Agent 中加入一个使其能够更新其信念的行为。在一个开放的系统中，这将是一个很好的做法，因为我们不能期望进入系统的 Agent 会关心收回所有以前的断言。

然后，Agent 检查其关于当前首选温度的平均值的心理状态（第 8 行），其计算方法如下：

```
// 获取个人助理 Agent 发送的
// 首选温度的平均值
average_pt(T) :- .findall(UT, pref_temp(UT), LT) &
                 LT \== [] &
                 T = math.average(LT).
```

最后，在生成新的 !temperature 目标之前，Agent 使用特殊的内部动作 .drop_desire(temperature(_)) 放弃任何正在考虑的现有温度目标。前

面显示的 `average_pt(T)` 规则也使用了两个内部动作 —— `.findall` 和 `math.` `average`，后者实际上是一个函数，所以它代表一个项（由函数返回的项）而不是一个谓词或动作。内部动作在第 4 章中讨论过。

部署和执行。 正如前一章所解释的，应用程序文件指定了在启动应用程序时必须创建的初始 Agent、工作空间和人工品的集合。在这种情况下，我们在房间工作空间中填充了几个具有一些初始信念的 `personal_assistant` Agent（例如 `pa1`），伴随着 `room_controller` Agent（`rc`），关注并使用位于房间工作空间的 `hvac` 人工品。

```
mas step1 {

    agent pa1 : personal_assistant.asl {
        beliefs: preferred("reading", high)
                 preferred("watching", high)
                 preferred("cooking", high)
                 preferred("sport", medium)
        join: room
    }

    ...

    agent rc : room_controller.asl {
        focus: room.hvac
    }

    ...
}
```

到目前为止，所采用的设计和实现是集中式协调模式的一个例子，其中一个特定的 Agent——在这种情况下，`room_controller` Agent——负责管理与所有其他 Agent（`personal_assistant` Agent）的交互。然而，在某些应用场景中，这种最简单的协调模式可能不是最有效的模式，因为它可能会在管理交互中引入瓶颈和单点故障。在下文中，我们将展示如何定义一个更加分散的协调模式。

7.2　用交互协议对协调工作去中心化

在 MAS 中，可以采用更加去中心化的协调方案 [见 Wooldridge（2009）的概述]。一个常见的策略是，通过设计基于通信动作的适当的交互协议，在 Agent 之间分配协调的责任。

在我们的方案中，我们考虑了一个修订的策略来决定房间里的温度。我们把它称为一个公平的房间多 Agent 系统。我们不采用基于 `room_controller` Agent 的集中式决策过程，而是采用涉及 personal_assistant Agent 的投票程序来分散决策。为了达到这个目的，我们定义了一个非常简单的交互协议，room_controller Agent 启动了涉及房间工作空间中的 personal_assistant Agent 的投票程序（见图 7.1）。如 7.1 节所述，投票是由 room_controller Agent 收到的首选温度变化触发的。

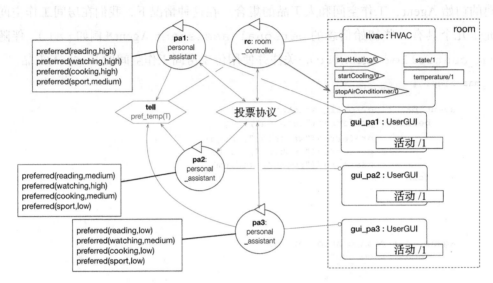

图 7.1　展销厅多 Agent 系统

使用的交互协议是一个简单的信息交换序列，涉及 room_controller Agent 和 personal_assistant Agent。交换序列从 room_controller Agent 的投票开始，提出一个封闭的温度选项列表，personal_assistant Agent 被要求通过宣布它们的偏好排名进行投票。一旦收到所有的投票，room_controller Agent 就会使用 Borda 计数法决定房间的温度［关于计算社会选择理论中使用的投票程序的概述，见 Wooldridge（2009）］。如图 7.2 所示，该协议有三个时刻：

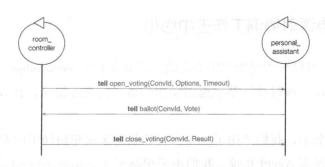

图 7.2　投票交互协议

1. **open_voting** `room_controller` Agent 首先通过使用 `.broadcast` 通信动作向系统中存在的所有 `personal_assistant` Agent 发送一个消息，其参数与 `.send` 类似，只是没有指定目标接收者。例如，这相当于动作：

```
.broadcast(tell, open_voting(p1, [10, 20, 25], 1000))
```

`room_controller` Agent 用这个动作通知系统中的所有 Agent，一个投票环节已经被打开。这个投票环节由 p1 标识，提供的温度选项为 [10, 20, 25]（选举的首选温度候选列表），并声明投票将在 1000 毫秒内结束。

2. **ballot** `personal_assistant` Agent 通过发送一个由会话标识（以便接收者知道它是关于哪个投票的）和其偏好组成的投票消息来回答 open_voting 消息。比如：

```
.send(rc, tell, ballot(p1,20))
```

3. **close_voting** 当所有的投票都被收到或超时后，`room_controller` Agent 宣布投票结束，并给出最终结果。比如：

```
.broadcast(tell, close_voting(p1, 20))
```

交互协议是对参与交互的各方发出的预期消息交换的总体描述。即使该规范是全局性的，它的实施也被分割在我们的两类 Agent 中（`room_controller` Agent 和 `personal_assistant` Agent），它们被期望颁布该协议。请注意，因为在这个简单的例子中，只有一个 Agent 收到了投票，所以仍然有一个单点故障。另一个选择是广播所有投票，尽管通信复杂度较高。

接下来的章节描述了实施情况。应用程序的部署与上一节中描述的类似：在同一工作空间启动具有类似偏好的同一组 Agent，在该工作空间中部署同一组人工品。

在 `room_controller` Agent 中对交互协议进行编程。 每当从任何 `personal_assistant` Agent 那里收到新的首选温度时，`room_controller` Agent 就会启动投票协议。在生成一个对话 ID(`!get_id(Id)`) 之后，它生成了一个选项列表，表示为 `Options`，它希望在房间里的 `personal_assistant` Agent 对其进行投票（发送一个 `.broadcast`）。对话 ID 帮助 `room_controller` Agent 管理几个并行的投票程序实例，可能是同一个 `personal_assistant` Agent。然后它等待（参照内部动作 `.wait`），直到所有 Agent 都投票了 `all_ballots_received(Id)` 或超时（4000），然后它关闭投票 `!close_voting(Id)`。

```
+!open_voting
   <- !get_id(Id);
      .findall(T,pref_temp(T)[source(_)],Options);
```

```
        .broadcast(tell, open_voting(Id, Options, 4000));
        .wait(all_ballots_received(Id), 4000, _);
        !close_voting(Id).
```

出现在 `.wait` 动作中的条件 `all_ballots_received(Id)` 是由以下规则指定的，该规则检查所有预期参与投票过程的 `personal_assistant` Agent 是否已经发送它们的选票。

```
    all_ballots_received(Id)
    :- .all_names(L) & .length(L,NP) &          // 投票人数 =
       .count(ballot(Id,_)[source(_)], NP-1). // 投票数
                                                // (RC 不投票)
```

结束投票包括根据 Borda 计数方法处理选票（参照 `!borda_count(Id,Winner)` 目标，这里省略了它的计划，但在本书附带的代码中可以找到），停止任何正在实现的 `!temperature` 目标（参照内部动作 `.drop_desire`），并在向所有 Agent 宣布结束投票过程之前创建一个新的目标 `!temperature(T)`（参照 `.broadcast` 内部动作）。

```
    +!close_voting(Id)
      <- !borda_count(Id,Winner);
         .println("New goal to set temperature to ",Winner);
         .drop_desire(temperature(_));
         !temperature(Winner);
         .broadcast(tell, close_voting(Id,Winner)).
```

我们可以看到，投票协议的三个步骤中有两个是在 `room_controller` Agent 中编程的。缺少的步骤是由 `personal_assistant` Agent 编程的。

在 personal_assistant Agent 中对交互协议的编程。在通过对 open_voting 信念的建立做出反应来参与投票协议时，`personal_assistant` Agent 将其投票发送给发送 open_voting 消息的 Agent（在 open_voting 信念中使用注释源）：

```
    +open_voting(ConvId, Options, TimeOut)[source(Sender)]
      <- ?pref_temp(Pref);
         ?closest(Pref,Options,Vote); // 个人策略
         .print("My vote is ",Vote);
         .send(Sender, tell, ballot(ConvId, Vote)).
```

它的投票是通过根据自己的策略对选择排序来计算的（接近其首选值）：

```
closest(X,[H|T],H) :- X > H.
closest(X,[H1,H2|T],H1)
   :- X < H1 & X > H2 & H1-X <= X-H2.
closest(X,[H1,H2|T],H2)
   :- X < H1 & X > H2 & H1-X > X-H2.
closest(X,[H],H).
closest(X,[H|T],V)
   :- closest(X,T,V).
```

```
+open_voting(ConvId, Options, TimeOut)[source(Sender)]
   <- ?pref_temp(Pref);
      ?closest(Pref,Options,Vote); // 个人策略
      .print("My vote is ",Vote);
      .send(Sender, tell, ballot(ConvId, Vote)).

{ include("base-pa.asl") }
```

交互协议中的表述性动词

请注意我们在前面的代码摘录中是如何选择通过使用表述性动词 tell 来编程交互协议的，使协议通过 Agent 对信息内容中所述的新信念做出反应来进行。

我们也可以用这样的方式来实现这个协议，即 room_controller Agent 要求 personal_assistant Agent 对投票采取动作。在这种情况下，发送的消息将有表述性动词 achieve 而不是 tell，例如 .broadcast(achieve,vote(Id, Options,4000))。在这种情况下，+open_voting(...) 的计划应该被修改为 +!vote(...) 作为触发事件。

然而，另一种可能性是使用一个（同步的）askOne 消息询问 Agent 的投票。

有趣的是，如果这个开放的多 Agent 系统中的新 Agent 不知道如何投票，可以使用 askHow 这个表述性动词。room_controller 可以使用 tellHow 来向 personal_assistant Agent 发送一个如何投票的计划，详见 Bordini 等人（2007）的文献。

7.3 以环境为媒介的协调

在交互方面，多 Agent 系统采用的方法从人类世界中获得了很大的启发。人类习惯于使用不同种类的方法和媒介进行交互。在可能的分类法中，方法可以被分为直接交动和间接交动。

❑ 在直接交互方法中，我们从交流媒介中抽象出来。基于语言的交流是一个常见的例子，另一个例子是手语。在这种情况下，交流是否发生在面对面，通过手机，或通过视频流，其实并不重要：参与者通常必须在同一时间框架内，使用一种语言来编码，从而进行信息交换。

❑ 在间接交互的情况下，促成交互的媒介是一个头等的实体，与参与者解耦，并提供可能对管理交互和它们的协调有用的功能。媒介通常是环境中某种共享的物理对象。一个简单的例子是一块黑板，支持共享信息的形式。另一个例子是暗示某些方向的路标，或者为定义队列而设置的障碍。一些媒介明确地致力于

协调功能：例如，交通信号，或用于管理超市服务的出票机。一个著名的以环境为媒介的协调例子是共识主动性（stigmergy）（Therulaz 和 Bonbeau，1999 年），它在自然界中被蚂蚁和人类使用，在 MAS 中也被利用（Van Dyke Parunak，1997；Ricci 等人，2007）。

类似于人类世界，在 MAOP 方法中，我们可以利用直接交互（通过基于语音动作的 Agent 通信语言实现）和间接交互（使用作为通信和协调媒介的人工品）。与人类的情况一样，这两个主要类别不应该被认为是相互排斥的：相反，在设计系统时，它们可以被有效地整合并用于协同作用。在下文中，我们在智能房间的场景中利用间接交互来改进如何设置房间温度的集体决策。

引入投票机作为协调人工品。在我们的方案中，我们设计了一个适当的共享协调人工品，封装和调节协调过程，统治 Agent 之间的交互。该协调人工品封装了上一节所述的投票机制。这个解决方案通过将 Agent 的部分计算转移到共享人工品上，将决策部分留给它们，从而减轻了 Agent 的代码。与集中式版本相比，决策过程仍然是分布式的，因为投票策略仍然是每个 personal_assistant 和 room_controller Agent 的一部分。

正如上一节所述，从接收到来自 personal_assistant Agent 的新偏好（见图 7.3），room_controller Agent 启动了投票协议。为此，它创建了一个 VotingMachine 人工品，其中有一组 Agent 可以投票的温度选项，允许投票的 personal_assistant Agent 的列表，以及一个超时。一旦创建，room_controller Agent 要求 personal_assistant Agent 参与投票。在所有 personal_assistant Agent 投票后或超时后，VotingMachine 停止投票过程并确定获胜的温度选项。

可以注意到，上一节中包含在 room_controller Agent 代码中的部分投票过程现在被封装并由 VotingMachine 人工品本身管理。另一个变化是，Agent 之间的一些信息被 Agent 与 VotingMachine 人工品的交互所取代。

对 VotingMachine 人工品进行编程。为了对 VotingMachine 人工品进行编程，我们必须通过定义其可观察的属性和操作来对其使用界面的元素进行编程。可观察的属性如下：

❑ status 可观察的属性，其值为 open 或 closed，表明是否仍可投票。

❑ options 可观察的属性，由 room_controller Agent 定义，带有温度选项。

❑ deadline 可观察的属性，表示（以秒为单位）剩余的投票时间。

❑ result 可观察的属性，包含投票过程的结果，在所有投票结束后或截止日期后定义。

定义了以下两个操作。

- ❑ open(Options,Voters,TimeOut)，由 room_controller Agent 使用，向 Voters（Agent 名称的列表）开放一组选项（温度值的列表）的投票过程；投票将在 TimeOut 毫秒内开放。

- ❑ vote(OrderedOptions)，使参与投票的 Agent 能够根据它自己的偏好对一组选项进行排序来投票；这个操作可以防止一个 Agent 投票超过一次。

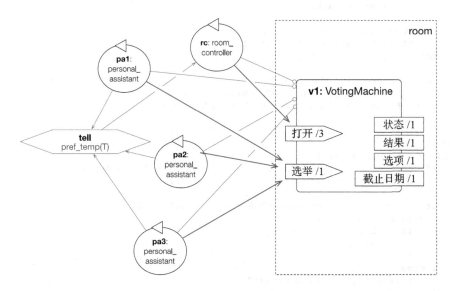

图 7.3　用于实现投票协议的 VotingMachine 人工品。出于可读性考虑，其他构件没有被表示出来

当所有的 Agent 都投票了或者投票的截止日期已过，VotingMachine 人工品根据特定的方法确定获胜的温度选项，并以该值创建可观察的属性结果。

我们展示了以下 VotingMachine 人工品的代码。这是使用 JaCaMo 提供的功能在 Java 中对图 7.3 中描述的人工品的直接实现。请注意 @OPERATION Java 注解是如何被用来定义打开和投票的人工品操作，以作为动作提供给 Agent。另外，defineObsProperty 被用来创建可观察的属性，getObsProperty 被用来检索现有的可观察属性。

```java
public class VotingMachine extends GUIArtifact {

    List<String> voters;
    List<Object> votes;
    int timeout;

    public void init() {
        defineObsProperty("status", "closed");
```

```
        }
    @OPERATION
    public void open(Object[] options, Object[] voters, int timeout) {
        this.voters = new ArrayList<>();
        this.votes   = new ArrayList<>();
    ListTerm os = ASSyntax.createList();
    for (Object o: options)
        try {
            os.add(ASSyntax.parseTerm(o.toString()));
        } catch (ParseException e) {
            e.printStackTrace();
        }
    for (Object o: voters)
        this.voters.add(o.toString());
    this.timeout = timeout;

    defineObsProperty("options", os);
    defineObsProperty("deadline", this.timeout);
    getObsProperty("status").updateValue("open");
    }

    @OPERATION
    void vote(Object vote) {
        if (getObsProperty("status").getValue().equals("close")) {
            failed("the voting machine is closed!");
        }
        if (voters.remove(getCurrentOpAgentId().getAgentName())) {
            votes.add(vote);
            if (voters.isEmpty()) {
                close();
            }
        } else {
            failed("you voted already!");
        }
    }

    void close() {
        defineObsProperty("result", computeResult());
        getObsProperty("status").updateValue("closed");
    }
```

重构 Agent, 使其对 VotingMachine 人工品采取动作。 如下面所示, 对 per-sonal_assistant Agent 的唯一修改包括使用操作"投票"对 VotingMachine 人工品采取动作, 而不是将其有序的选项集发送给 room_controller Agent。

```
1   +open_voting(ArtName)
2       <- lookupArtifact(ArtName, ArtId);
3           vm::focus(ArtId).
4
5   +vm::options(Options)
6       <- ?pref_temp(Pref);
7           ?closest(Pref,Options,Vote);
8           vm::vote(Vote).
```

在这个代码中，我们使用了 JaCaMo 的命名空间特性。命名空间允许程序员将 Agent 的思想组织在几个独立的空间或隔间中，这样信念、事件、计划和动作就可以放在一起，并与其他隔离。每个命名空间由一个名称（上面代码中的 vm）来标识，该名称被用作信念、事件等的前缀（使用 ::）。例如，第二个计划被放在命名空间 vm 中，只与这个命名空间的事件有关。第 3 行的焦点将人工品 ArtId 的可观察属性和动作与命名空间 vm 联系起来，因此相应的信念和事件被放在该命名空间中。该人工品的操作也被放置在命名空间中（如第 8 行中使用的）。命名空间的特点是将 Agent 编程模块化，帮助我们避免名称冲突；例如，不同的投票机可以放在不同的命名空间中，从而相互隔离。关于命名空间的更多细节可以在 Ortiz-Hernández 等人（2016）的论文中找到。

考虑到 room_controller Agent 的变化，对应于实现 open_voting 目标的计划被修改为创建一个 VotingMachine 人工品的实例，它有一个对应于对话 ID 的唯一名称，可观察的属性 options 被初始化为可投票的选项集，有投票者的列表，还有 Agent 投票的超时值。在关注该人工品后，它将该人工品的 ID 发送给参与的 Agent（.broadcast(...)），以便它们也能关注该人工品。一旦创建了可观察的属性结果，room_controller Agent 就会像上一步那样，通过生成一个新的温度目标做出反应。

```
conv_id(1).

// 当接收到一个新的
// 首选温度时，启动投票协议
+pref_temp(UT)[source(Ag)]
   <- .println("New preference from ", Ag, " = ",UT);
         // 只有在个人助理 Agent 没有
         // 发送 untell 的先前偏好时才需要
         if (pref_temp(Y)[source(Ag)] & UT \== Y) {
            // 只保留某些 Agent 的最后一个偏好
            -pref_temp(Y)[source(Ag)];
         }
         !open_voting.

+!open_voting
   <- !get_id(Id);
      .concat(v, Id, ArtNameS);
      .term2string(ArtNameT, ArtNameS)
      .findall(T,pref_temp(T)[source(_)],Options);
      .all_names(AllAgents);
      .my_name(Me);
      .delete(Me,AllAgents,Voters);
      vm::makeArtifact(ArtNameS,"voting.VotingMachine",[],ArtId);
      vm::focus(ArtId);
      vm::open(Options, Voters, 4000);
      .broadcast(tell, open_voting(ArtNameT));
      .

@lId[atomic]
+!get_id(ConvId) : conv_id(ConvId)  <- -+conv_id(ConvId+1).

+vm::result(T)[artifact_name(ArtId,ArtName)]
```

```
<- .println("Creating a new goal to set temperature to ",T);
   .drop_desire(temperature(_));
   !temperature(T);
   .broadcast(untell, open_voting(ArtName));
   //disposeArtifact(ArtId);
```

计划标签（@lID）包括原子注解。它表明在这个计划执行的时候，不应该有其他的意图被执行。它避免了一些竞争条件，同时得到一个唯一的标识。"-+"操作符是一个操作后跟一个"+"操作的简称，通常用于更新信念。在这段代码中，操作 -+conv_id(Conv_Id+1) 意味着执行 -conv_id(_)，然后是 +conv_id(Conv_Id+1)。如前所述，这里省略了部署，因为它与前面的情况类似。详细情况请参考书中附带的完整代码。

实现更复杂的协调人工品

任何协调人工品都是一种协调媒介（Ciancarini 1996），由多个 Agent 同时使用，使它们能够相互作用并管理它们的动作之间的依赖关系，从而产生一些协调功能。在一般情况下，这种管理可能需要对被调用的操作进行同步，也就是说，在 Agent 执行的动作中强制按它们的某种顺序执行。作为一个简单的例子，考虑一个协调人工品，一个 Agent 团队可以用它来实现同步化点。我们的想法是，该人工品将提供一个 meet 操作，只有当团队的所有 Agent 执行该操作时才会成功：

```java
public class SyncToolArtifact extends Artifact {

    private int nTotalFriends;
    private int nFriendsArrived;

    void init(int nFriends) {
        this.nTotalFriends = nFriends;
        nFriendsArrived = 0;
    }

    @OPERATION void meet() {

        nFriendsArrived++;
        await("allFriendsArrived");
    }

    @GUARD boolean allFriendsArrived() {
        return nFriendsArrived == nTotalFriends;
    }

    @OPERATION void reset() {
        nFriendsArrived = 0;
    }
}
```

人工品被初始化，指定了 Agent 团队的数量。一个计数器 nFriendsArrived 用于跟踪要求见面的 Agent 的数量。每次执行会面操作时，该计数器都会递增。然后，该操作的执行被暂停，直到发现该计数器等于 Agent 团队的总数。一旦所有请求见面的 Agent 都见面，就会发生这种情况。

暂停由 await 基元强制执行，它阻止操作的执行（释放对人工品的访问），直到作为参数指定的指导（条件）被评估为真。API 允许将指导作为布尔方法来实施 --- 在这种情况下，方法的名称被指定为 await 基元的一个参数，或者直接作为一个函数 / 闭包，总是作为一个参数传递给 await。在 Agent 侧，执行满足动作的意图被暂停，直到操作完成。

我们在前一章已经见过的另一个基元 await_time 也有类似的行为：它暂停操作的执行，直到指定的时间过了为止。总的来说，await 基元系列有足够的表现力来实现人工品内部的任何类型的同步行为，类似于并发编程中使用的监控器中的条件变量机制。

例如，VotingMachine 协调人工品可以通过操作 awaitClosing 来扩展，该操作允许将执行该操作的 Agent 与投票过程的结束同步。值得一提的是，同步行为通常可以通过简单地利用人工品的可观察性模型来获得。例如，在 VotingMachine 的情况下，Agent 可以通过观察人工品并对状态可观察属性的变化做出反应来了解闭包的情况。然而，在有些情况下，用计划内使用的动作而不是反应来表示和实现协调行为会更容易。在这些情况下，这种同步动作可以作为适当设计的协调人工品的操作来实现。

7.4　从去中心化到分布式

到目前为止，我们考虑了控制和责任的去中心化，为此使用了 Agent（和人工品），但没有讨论分布式问题。分布式是指利用多个计算节点（计算机、主机和设备），通过网络连接来执行系统。

在智能房间的案例研究中，假定建筑物是由几个房间组成的，以此来介绍分布式。每个房间的温度管理是由一个带有空调的 room_controller 支持的。建筑物的主人已经为房间定义了全局的偏好。每个 room_controller 都会考虑到哪个 personal_assistant 在房间里来管理房间的温度，就像我们以前实现的版本中提出的那样。可以考虑不同房间的 room_controller 之间的协调，以使整体温度与房间的目标相一致。personal_assistant Agent 应该在移动设备上运行，动态地进入和退出系统。

当使用 MAOP 时，分布式可以在两个不同的层面上进行建模和实施：

❑ 在 Agent 层面，Agent 被部署在不同的节点上，使用中间件，为远程 Agent 之间的直接 Agent 通信提供服务。

❑ 在环境层面，工作空间被部署在不同的节点上，Agent 可以加入并在远程工作空间工作。

这里的一个重要说明是，在分布式执行中，无论是基于言语行为和交互协议的通信模型，还是在基于人工品的环境中 Agent 与人工品的工作方式，都没有任何变化。在下文中，我们将讨论两个关于如何使用 JaCaMo 编程和部署分布式 MAS 的例子。

Agent 的分布式

尽管 Agent 的程序在分布式执行中没有变化，也就是说，Agent 继续用它们的名字来称呼其他 Agent，但应用文件必须改变，以配置 Agent 在不同节点上的分布方式。这种配置取决于在分布式方案中用于管理 Agent 生命周期的特定中间件。这里我们使用 JADE 作为这样的中间件，因为 JaCaMo 已经与 JADE 集成。

作为一个具体的例子，我们考虑将智能房间的案例研究扩展到一个智能家庭，其中我们有许多房间，因此有许多 room_controller Agent 和参与者。为了管理所有的房间，我们创建了一个新的 Agent，称为 majordomo，并与所有 room_controller Agent 进行通信。这些 Agent 分布如下：同一房间的 Agent（一个 room_controller 和一些 personal_assistant Agent）在专门用于该房间的节点上运行；而 majordomo 在自己的节点上运行。对于每个节点，必须写一个应用程序文件，然后在其主机上执行。majordomo 的应用程序文件（majordomo.jcm）如下（注意关键字 platform）：

```
mas mj_conf {

    agent majordomo

    platform: jade()   // 选择 JADE 作为分布式平台
}
```

当执行时，它将启动一个 JADE 平台，主容器和 Agent majordomo 在上面运行。一个房间节点的应用程序文件看起来如下：

```
// 运行在 room B210 节点上的 Agent 应用文件

mas room_b210 {
    agent pa1 : personal_assistant.asl {
        beliefs: preferred("reading", high)
                 preferred("watching", high)
                 preferred("cooking", high)
                 preferred("sport", medium)
        join: room
    }

    // 类似 pa2、pa3

    agent rc : room_controller.asl {
        focus: room.hvac
    }

    workspace room {
        artifact hvac: devices.HVAC(20)
    }

    // 选择并配置 JADE 作为分发平台
    platform: jade("-container -host <mdhost>")
}
```

当执行时，它将用一个连接到 JADE 平台的（非主）容器启动 JADE，该平台运行在由 mdhost 确定的主机上。每个用于启动 JADE 的常规参数都可以作为平台 jade(...) 的字符串参数给出。主机 mdhost 的具体互联网位置在 JaCaMo 部署配置文件中提供，这是运行应用文件时通知的应用属性文件。这个文件的内容很简单，比如说：

```
mdhost=host1.my_sweet_home.org
```

JaCaMo 和 JADE 的集成将 Jason KQML 消息翻译成 JADE FIPA ACL，反之亦然，并在必要时使用 JADE 服务（作为目录促进器）。在这种情况下，每个 Jason Agent 都作为 JADE Agent 运行，因此可以发送和接收来自普通 JADE Agent 的消息。

环境分布式

JaCaMo 提供的环境分布式模型基本上允许一个 MAS 的工作空间在不同的主机上执行。工作空间和主机之间的映射可以是静态的，也可以是动态的。

静态映射。在静态情况下，映射被声明为 MAS 初始配置的一部分。执行工作空间的主机可以在应用程序文件中明确声明，在声明工作空间的初始配置时，可以作为一个逻辑名称或直接作为一个 IP 地址（或域名）。

继续智能房间场景，我们现在考虑三个工作空间（房间）——走廊（hallway）、起居室（`living_room`）和浴室（`bath_room`）——每个都有自己的暖通和房间控制者 Agent。走廊是起居室（`living_room`）和浴室（`bath_room`）的父工作空间（见图 7.4）。工作空间的配置可以在应用程序文件中指定如下：

```
mas smart_home {

  agent majordomo {
    join: hallway
  }

  agent living_room_contr : room_controller.asl {
    goals: temperature(21)
    join:  living_room
    focus: living_room.hvac
  }

  agent bath_room_contr : room_controller.asl {
    goals: temperature(24)
    join:  bath_room
    focus: bath_room.hvac
  }

  workspace hallway {
    host: host1
  }

  workspace living_room {
    artifact hvac: devices.HVAC(15)
    parent: hallway
    host: host1
  }

  workspace bath_room {
    artifact hvac: devices.HVAC(15)
    parent: hallway
    host: host2
  }
}
```

在这种情况下，使用逻辑名称，使走廊（`hallway`）和起居室（`living_room`）被声明为在主机 1 上执行，而浴室（`bath_room`）在主机 2 上。值得注意的是，如果没有指定主机，工作空间默认是在 MAS 被生成的同一台机器上创建的。

当 MAS 启动时，可以通过单独的 JaCaMo 部署配置文件或直接在命令行中声明属性，来指定主机逻辑名称和一些特定的 IP 地址或域名之间的绑定。JaCaMo 部署配置文件 `smart_home.properties` 的一个例子是

```
host1=host1.my_sweet_home.org
host2=host2.my_sweet_home.org:15000
```

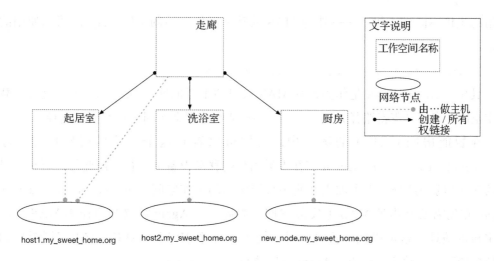

图 7.4　分布在不同的主机上的智能家居工作空间

为了使其在实践中发挥作用，JaCaMo 基础设施守护程序必须在每个分配工作空间的主机上执行。

如前所述，为了与远程节点上的工作空间合作，Agent 不必指定它们的物理位置，但可以参考它们的逻辑名称路径。例如，majordomo Agent 可以通过执行 joinWorkspace ("/hallway/bathroom")[⊖] 或更简单的 joinWorkspace("bathroom") 加入运行在不同主机上的 bath_room。所有的工作空间操作都是如此：例如，Agent 可以通过执行 createWorkspace("/hallway/bathroom/tools") 创建一个新的 bath_room 的子工作空间。

动态映射。在某些情况下，如果能动态地将新的主机附加到 MAS 上，在那里创建（和加入）工作空间，可能会很有用。在这些情况下，主机的地址通常只有在运行时才知道，所以不可能在 MAS 启动时静态地指定它。为此，创建工作空间动作的一个变体是可用的，它可以将创建工作空间的主机（地址）作为一个进一步的参数来指定。例如：

```
createWorkspace("/hallway/kitchen","new_host.my_sweet_home.org")
```

与静态情况一样，JaCaMo 基础设施守护程序必须在该主机上执行。

动态映射的另一个主要情况是，当一个 MAS 的 Agent 需要访问和使用另一个 MAS 的工作空间时。为此，Agent 首先需要挂载目标工作空间（其他 MAS 的），就像远程文件系统的情况一样。挂载可以链接到远程工作空间——可能运行在与 MAS 当前

⊖　joinWorkspace 的第二个参数，即表示工作空间标识符的输出参数，是可选的并且可以省略。

使用的主机不同的主机上——作为 MAS 的某个工作空间的子区。Agent 可以使用的操作是：

```
mountWorkspace(TargetMAS, TargetWSP, MountPoint)
```

其中，`TargetMAS` 是作为远程 MAS 入口的主机地址，`TartgetWSP` 是要挂载的工作空间的参考（逻辑路径），`MountPoint` 是本地用来访问工作空间的路径。

在智能房间（家庭）的案例中，我们可以看到这个功能的明确用途。每个 `personal_assistant` Agent 都在人类用户的移动设备上运行，因此是运行在该设备上的 MAS 的一部分。为了加入并使用智能房间的工作空间，`personal_assistant` Agent 首先需要在本地 MAS 上安装它们。为此，该 Agent 需要知道作为 MAS 入口点的主机的地址。这可以在运行时获得，例如，通过 QR 码或 NFC，或由房屋提供的基于信标的系统。给定入口点，Agent 可以执行：

```
mountWorkspace("host1.my_sweet_home.org", "/hallway",
                            "/main/friend_house")
```

以便在本地 MAS 中使用 `/main/friend_house` 路径来访问走廊（`hallway`）的远程工作空间（见图 7.5）。

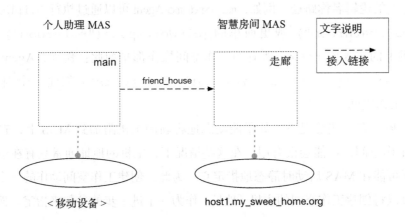

图 7.5　安装走廊上的工作空间。通过一个访问链接（`friend_house`），使其可以从个人助理 MAS 中访问

然后，个人助手 Agent 可以通过执行 `joinWorkspace("/main/friend_house")` 来加入远程工作空间。

除了安装的情况，访问链接可以在工作空间之间创建，目的是简化环境的导航性。它们类似于文件系统中使用的软链接。通过引入访问链接，除了父工作空间和其子工作空间之间的所有权 / 创建链接外，同一工作空间可以用不同的路径来识别。

> **处理分布式系统的复杂性**
>
> 　　分布式系统的设计和开发需要处理一些重要的问题和挑战，这些问题和挑战并不是专门针对多 Agent 系统的。一个主要的问题是容错性，这是使一个系统在其某些组件发生故障（或一个或多个故障）时能够继续正常运行的特性。另一个问题是可扩展性，它是一个系统通过向系统添加资源来处理不断增长的工作量的特性。我们在本章中看到，多 Agent 系统已经提供了一个抽象的层次，可以有效地对去中心化或分布式系统进行建模、设计和编程。然而，为了处理所提到的问题，MAS 技术和基础设施需要实现通常用于工程化的强大分布式系统的机制和架构模式。这方面将在第 11 章进一步讨论。

7.5　我们学到了什么

　　在这一章中，我们深入研究了 Agent 交互，探索了 Agent 之间的编程和协调交互的方法。这些方法从纯粹基于言语行为和交互协议的直接交流到基于协调人工品的环境中介协调：

- ❑ Agent 之间的直接交流，例如，用于分享信念和委托目标。
- ❑ 交互协议，用于在结构化的交互模式中协调 Agent 之间的交流动作，在 Agent 本身中实施或在导致协调人工品概念的人工品中实施。
- ❑ 协调人工品，即位于环境中的人工品，不仅用于封装物理资源，而且用于结构化和管理 Agent 之间的交互模式。

　　我们强调，这里显示的关于目标温度协议的两个备选解决方案有很大的不同。正如前面所讨论的，基于消息的方法需要在 Agent 之间进行更多的交流，但却是完全去中心化的，而基于人工品的方法需要较少的消息交换，但通过一个所有 Agent 共享的人工品引入了一个集中的机制来管理交互协议，将决策和策略分散在 Agent 中。在接下来的章节中，我们将考虑一种基于组织抽象的进一步的方法，这种方法可以用更抽象和高级的方法来指定多 Agent 程序中的协调。

　　除了管理和协调 Agent 之间的交互，我们还扩展了我们在编程方面的知识：

- ❑ Agent
  - ○ 执行对应于不同意图的并发计划，在这个例子中，计算目标平均温度和管理 HVAC。

❍ 如何使用测试目标以及如何处理它们。

❑ 环境

❍ 多个工作空间的使用。

❑ 执行

❍ 可以在几个 Agent 中实例化的 Agent 类型，并在应用文件中指定具体的信念和 / 或目标。

❍ 简单的分布式 JaCaMo 程序。

7.6 练习

练习 7.1 实现一个具有间接互动的乒乓 MAS。Agent A 对人工品 Left 进行播放，产生的信号 A 被专注于 Left 的 Agent B 所感知；然后 Agent B 对人工品 Right 进行播放，产生的信号 B 被 Agent A 所感知，以此类推。Agent C（控制者）专注于 Left 和 Right，并计算其感知信号的次数（A 播放次数，B 播放次数）。

练习 7.2 实现一个有间接和直接交互的乒乓 MAS。特别是，扩展前面练习的代码，以便当 Agent C 数到 10 个（A 播放，B 播放）序列时，它会向 Agent A 和 Agent B 发送一个停止信息，然后 Agent A 和 Agent B 必须停止播放。

练习 7.3 制定新的策略来处理本章所管理的传入的温度变化请求（例如，在实际进行改变目标温度之前等待一定时间的新请求，或者等待至少有几个新请求）。

练习 7.4 目前，`personal_assistant` Agent 没有观察到 `hvac` 人工品，也就是说，它不知道当前的温度。改变这个 Agent 的代码以获得这个信息。然后改变代码，使 Agent 在温度未能在合理的时间间隔内改变的情况下再次发送它的首选温度，或者建议其用户退出房间（在这种情况下，调整 `UserGUI` 人工品，使 Agent 能够采取动作并改变一个文本域）。

练习 7.5 重新实现 `room_controller` 计划，该计划使用产生唯一 ID 的人工品来计算唯一的对话 ID，这样就不再需要原子式执行意图了。

练习 7.6 取代投票机制，在本章开发的房间场景的所有版本中实施一种替代的共识技术（基于直接和间接沟通）。评估创建每个版本所需的努力。

练习 7.7 分布执行以前练习的 Agent 和工作空间，并评估所需的编程工作。

练习 7.8 创建一个没有投票计划的 `personal_assistant` Agent。当这个 Agent 被要求投票时，它向室友询问投票计划，然后用同一策略投票。

第 8 章

组织维度

我们在前几章中看到，Agent 和环境维度提供了构建多 Agent 系统的基本要素，这些要素构成一组在共享环境中通信和工作的个体自治 Agent。在本章中，我们通过考虑组织维度来完成 MAOP 的图景，该维度提供了概念和头等的编程抽象，以从宏观角度来指定和管理复杂的 MAS，而其他两个维度提供的是微观（基于个体）的。我们从一个全局性的概述开始，讨论那些想在多 Agent 系统中对组织进行编程的人所提供的整体抽象图。在本书中，我们强调了这个维度对于面向多 Agent 的编程观点的重要性。一旦所有的概念和抽象都得到了解释和定位，我们将讨论组织的执行模型，在这个模型中，将进一步介绍与组织相关的抽象。我们用注释和历史元素来结束这一章，以便感兴趣的读者能够深入了解与组织直接或间接相关的方法，以及它们在多 Agent 系统领域的应用。

8.1 简介

组织是一个广泛的概念，在从社会和管理科学到计算机科学等多个领域都有不同的含义。仅在多 Agent 研究领域，就存在若干组织模型的建议 [关于其中一些模型的综述，见 Aldewereld 等人（2016）；Coutinho 等人（2009）]。它们中的每一个都强调特定的属性，强调与在共享环境中一起工作的 Agent 的结构化、协调或调节有关的描述性或规定性模型。

为了更好地理解组织的观点，我们回到图 5.1 中所示的人类工作环境。在这个图中，我们可以通过对 Agent 的抽象来描述它们之间发生的活动，并确定一个主要的小组 bakery_staff，在这个小组中，Agent 的全局活动发生了。在小组的情景中，Agent 可以被认为是扮演一些角色。例如，Agent helen 扮演 pastry_chef 的角色，而 john 扮演助理的角色。由于在一起紧密交互，它们建立了一个主组的 cake_staff 子组。在工作空间的另一部分，另一组 Agent 组成了 codescheduling_staff 子组，负责实现当天的日程安排：Agent mary 扮演 manager 角色；bob, henry 和 anna 帮助她建立日程安排：它们扮演 planner 角色。Agent P 扮演两个角色：在 scheduling_staff 中扮演 planner 的角色，在主组中扮演 archivist 的角色。因为它与 cake_staff 子组交互以检索蛋糕食谱，与 scheduling_staff 交互以存储产生的时间表。在每一个组中，根据它们的角色，Agent 被期望在执行部分预定的计划时相互协调。例如，分配给 cake_staff 组的计划 wedding_cake_recipe 要按照制作婚礼蛋糕的食谱来执行，而 scheduling_staff 中的 week_schedule 要执行，以便计划一周内要完成的工作。

正如这个例子所说明的，组织处理超个人现象的建模（Gasser，2001）。相应的模型由结构化的合作模式组成，超越了在多 Agent 系统中运行的单个 Agent 的活动。因此，参与合作模式定义的概念（如角色和小组）与前几章讨论的属于 Agent 或环境维度的概念不同。与管理科学中存在的情况类似（Malone，1999），组织结构和帮助 Agent 的决策和交互，以完成任务和实现环境中的目标，同时保证系统的整体一致性状态。在社会学方面（Bernoux，1985），组织可以将任务划分为子任务，分配角色，并在参与组织的 Agent 中分配权力。更广泛地说，它们可能涉及知识、文化、历史和能力的结构化，以便由 Agent 共享和使用。

组织规格和组织实体。组织多 Agent 系统是一个过程，首先是由参与开发 MAS 的利益相关者进行的定义阶段，然后是执行阶段，其中 Agent 在指定的组织所施加的约束下进行行为。这个过程也可能包括这两个阶段的反复交错，由 Agent 自己通过对其集体行为的推理来进行。Agent 定义并调整它们的组织，同时在组织中动作、感知和合作。这个组织过程产生两个描述：一个组织规格和一个组织实体。

组织规格是一种陈述性描述（Van-Roy 和 Haridi，2004），它回答了一个"是什么"的问题，也就是说，由 Agent 产生的预期行为，但没有解释"如何"，也就是说，为实现这些结果所需要的行为。这些关于动作路线的选择涉及 Agent 层面。例如，在图 8.1 所示的用例中，组织规格指出，bakery_staff 组由两个子组组成，即 cake_staff 组和 scheduling_staff 组，其中 pastry_chef、assistant、manager、planner 和

archivist 等角色可以由 Agent 扮演。虽然图中没有显示，但 cake_staff 组可以负责 wedding_cake_recipe 和 pudding_cake_recipe 的集体计划，由 Agent 根据该组所扮演的角色来承担。可以注意到，虽然组织规格在 scheduling_staff 中定义了一个角色策划者，但在从 scheduling_staff 定义中创建的组实体中可以由几个 Agent 扮演这个角色。同样，根据情况（例如，烘烤几个蛋糕），在组织实体中可以存在几个由 cake_staff 组定义创建的组实体，根据它们负责的食谱协调 Agent。

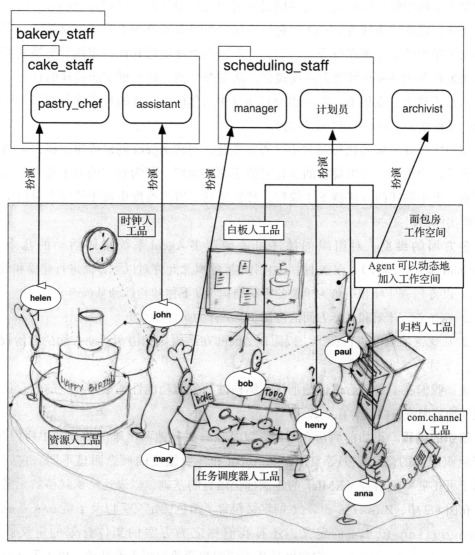

图 8.1   面包房车间场景中的组织

一个组织实体对应于 Agent 对组织规格的颁布。组织规格定义了 Agent 的预期行为，而组织实体描述了它们与预期行为相关的协调和调节行为的演变状态。这些包括，例如，各种创建的小组和 Agent 选择在每个小组中扮演的角色。再次考虑图 8.1 所示的情况，颁布上述组织规格的组织实体指出，Agent john 在 wedding_cake 组中扮演 pastry_chef 角色，Agent Mary 在 week 组中扮演 manager 角色，等等。

在观察多 Agent 系统中执行 Agent 时，人们可以注意到组织实体中没有体现的关系和合作模式；也就是说，Agent 可以在不参考组织的情况下相互协调。人们还可以观察到组织实体中的合作模式，这些模式在组织规格中没有任何对应的内容。与之前的观察不同，这往往意味着 Agent 在它们所属的组织方面行为不当。也就是说，它们可能违反了组织的某些预期行为。例如，一个扮演助理角色并被期望执行与婚礼蛋糕食谱有关的任务的 Agent 可能会违反规格，准备杏仁糖，而食谱禁止这样的任务，因为它要求在蛋糕上打发奶油。由于组织对在其中运作的 Agent 的行为进行调节，根据违规的严重程度，Agent 可能会受到制裁。

组织实体在系统的执行过程中一直在变化，每次 Agent 创建或删除组，采纳或离开角色等都会更新。组织规格的变化可能不那么频繁，因为它们的成本很高，后果也很严重。书中描述的方法侧重于编程，特别是基于组织维度中可用的概念对组织规格和组织实体的定义。

多方面的维度。对组织的描述可能涵盖多 Agent 系统集体活动的几个方面（Coutinho 等人，2009）。在本书中，组织维度的概念允许对以下方面进行建模和编程：

❑ 以角色、连接和小组为单位的组织结构（以下称结构性抽象概念）。

❑ 在任务、计划和目标方面的协调（以下称为功能抽象）。

❑ 从规范的角度进行调节，以限制 Agent 在结构化和协调活动方面的自治权（以下称为规范性抽象）。

正如我们在本章随后讨论的那样，结构性抽象和功能性抽象是独立的概念集，而规范性抽象则将它们结合在一起。

组织的编程。正如前面所介绍的，以及在有关其他两个维度的章节中所强调的，属于组织维度的概念是头等实体，与 Agent 和环境维度的概念明显不同。它们构成了基于可扩展标记语言（XML）的定制标记语言的基础，以表达组织规格的元素。例如，在图 8.2 中，bakery_staff 的定义包含了角色的定义，以及子组 cake_staff 和 scheduling_staff 的定义，还有我们称之为方案的集体计划的定义，比如 wedding_cake_recipe。它们也是基于谓词和函数的语言的基础，以表示 Agent 内部的组织实体为信念（Hübner 等人，2007），以及组织事实，以规范或强制系统中的 Agent 的行为，使其符合组织规格所规定的约束（Hübner 等人，2011）。这些表征涉及创建的小组、Agent 在这些小组中扮演的角色、Agent 在其任务上下文下进行的计划部分、调节 Agent 行为的主动规范等。

```xml
1    <?xml version="1.0" encoding="UTF-8"?>
2    <?xml-stylesheet href="http://moise.sourceforge.net/xml/os.xsl" type="text/xsl" ?>
3
4    <organisational-specification
5        id="bakery"
6        os-version="0.8"
7
8        xmlns='http://moise.sourceforge.net/os'
9        xmlns:xsi='http://www.w3.org/2001/XMLSchema-instance'
10       xsi:schemaLocation='http://moise.sourceforge.net/os
11                           http://moise.sourceforge.net/xml/os.xsd' >
12
13     <structural-specification>
14         <role-definitions> <role id="pastry_chef"/> ... </role-definitions>
15         <group-specification id="bakery_staff"> ...
16             <group-specification id="cake_staff"> ... </group-specification>
17             <group-specification id="scheduling_staff"> ... </group-specification>
18             ...
19         </group-specification>
20     </structural-specification>
21     <functional-specification>
22         <scheme id="wedding_cake_recipe"> ... </scheme>
23         <scheme id="pudding_cake_recipe"> ... </scheme>
24         <scheme id="week_schedule"> ... </scheme>
25     </functional-specification>
26     <normative-specification>
27         ...
28     </normative-specification>
29    </organisational-specification>
```

图 8.2　面包店用例的 XML 组织规格的一般视图

从这个讨论中可以想象，重组，也就是改变组织，可以在组织实体或组织规格层面进行。有趣的是，这种改变可以由 Agent 自己来完成。它们可以自己决定或集体决定，例如，改变对保持相同组织规格的 Agent 的角色分配。它们也可以通过在一个小组中定义新的角色来改变组织规格，例如，改变任务定义或规范本身。改变组织规格意味着改变组织实体，从而改变 MAS 预期的整体行为。

8.2　组织抽象

本节详细介绍了组织维度中可用来定义组织的结构、功能和规范方面的抽象，它们用于定义相应的规范和实体。

结构性抽象。结构性抽象涉及定义组织结构的个体、社会和集体问题（见图 8.3）：
❑ 角色概念是对个体 Agent 在组织结构中所占据位置的编程抽象。
❑ 链接概念是对一个小组中的 Agent 在扮演相应角色时可以发生的交互类型的编

程抽象。

- □ 小组概念是对组织结构中可能存在的 Agent 社区的编程抽象。

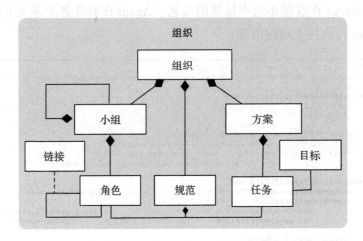

图 8.3　组织维度中的主要概念

小组是 Agent 进入组织的入口：通过采用一个角色，Agent 进入了该角色所属的小组，并与其他扮演与其角色相关的角色的 Agent 联系起来。一个 Agent 可以在不同的角色下参与几个小组。

结构性规格（见图 8.4）定义了由组织实体中的 Agent 制定的组织结构模板。一个结构性规格由以下部分组成：

- □ 角色定义的列表，其中每个角色由规格中唯一的标签标识（例如，role0、role1）。角色之间的继承关系可以补充这个定义（例如，role1 和 role2 继承自 role0）。它能够重用附属于被继承角色的属性。正如随后所讨论的，一个角色的属性是它所参与的链接和约束，以及它所属的规范性结构。默认情况下，所有角色都继承自预定义的 soc 根角色。

- □ 组的层次结构，其中每个组在组织中都有一个唯一的标签（例如，group1）。它由从定义的角色列表中挑选的角色（role1 和 role2），这些角色之间的链接（例如，role1 和 role2 之间的权限链接），可能的其他子组以及一组组形成约束组成。

链接是一个有标签的关系，将小组中的两个角色连接在一起。链接当前的标签集包括沟通（communication）、职权（authority）和相识（acquaintance）。它们允许定义角色间的三种交互网络：沟通网络（communication networks）说明谁能在扮演相应角色时与谁进行交流，控制网络说明谁对谁有权限，相识网络（acquaintance networks）表示谁能代表和获取谁的信息。

```
1    <structural-specification>
2
3    <role-definitions>
4        <role id="role0"/>
5        <role id="role1"> <extends role="role0"/> </role>
6        <role id="role2"> <extends role="role0"/> </role>
7    </role-definitions>
8
9    <group-specification id="group1">
10       <roles>
11           <role id="role1" min="1" max="2"/>
12           <role id="role2" min="1" max="1"/>
13       </roles>
14
15       <links>
16           <link from="role1" to="role2" type="authority"
17                 scope="intra-group" bi-dir="false" />
18           <link from="role0" to="role0" type="communication"
19                 scope="intra-group" bi-dir="true" />
20       </links>
21       <formation-constraints>
22           <compatibility from="role1" to="role2" bi-dir="true"/>
23       </formation-constraints>
24   </group-specification>
25   </structural-specification>
```

图 8.4　一个简单的结构性规格的例子

小组的形成约束定义了从组织规格中建立的组织实体结构的预期属性。它们涉及参与小组定义的角色、链接和子组：

❑ 角色兼容性约束是一个小组的两个角色之间的定向关系。它使 Agent 能够在已经扮演源角色的情况下采用目标角色（默认情况下，角色是不相容的，也就是说，它们不能由组织中的同一个 Agent 扮演）。例如，在图 8.4 中，role1 和 role2 被设置为兼容。

❑ 角色基数约束定义了在相应的小组实体中可以扮演该角色的 Agent 数量的上限和下限（例如，至少有一个和最多两个 Agent 应该扮演 role1）。

❑ 小组基数约束定义了可以从组内定义的子组创建的子组实体数量的上下限。

因此，结构性规格将组织实体的模板结构定义为组和子组的非重叠层次结构，其中每个组由角色、链接、可能的子组和组形成约束组成。因此，结构规格中的所有元素都是组定义的一部分。例如，一个链接可以连接出现在两个不同组定义中的两个角色，当且仅当这两个组存在一个包括这种链接定义的超组。

Agent 通过遵循结构性规格的模板结构和组形成约束条件创建组实体来参与组织实体。根据组的定义，Agent 可以采用一个或几个角色，根据角色之间的相应联系相互作用，并创建子组。根据组的基数，组织中可能存在一个或多个引用同一组定义的组实体。如图 8.5 所示，两个组实体是由同一结构规格颁布的。我们可以看到，组实体 g1

（遵循规格 group1）只包含一个扮演两种角色的 Agent，而组实体 sg1（遵循相同的规格）包含两个扮演 role1 和 role2 的不同 Agent。如果兼容性链接没有将这两个角色联系起来，这两个组实体就不能很好地形成，违反了小组中角色之间默认的不相容约束。同样，如果在小组 group1 的定义中这个角色的最大基数等于1，那么 agent1 或 agent2 都将不能扮演角色1。我们随后在本章中看到 Agent 如何使用组织动作来颁布这种小组实体。如图 8.5 所示，小组实体 sg1 和 g1 都通过一个负责链接与 ssch1 或 sch1 社会方案实体相连。这两个实体是由接下来描述的功能抽象创建的。

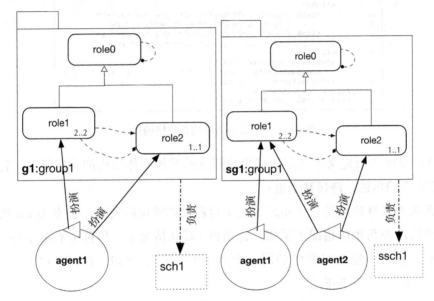

图 8.5　根据图 8.4 中定义的结构性规格制定的组实体

功能性抽象。与结构性抽象一样，与此相关的概念（见图 8.3）涉及组织内 Agent 行为的个体、社会和集体问题。它们是：

❑ 组织目标（organizational goal）的概念是指一个或几个 Agent 必须满足的事务状态的抽象化。

❑ 作为目标的补充，任务收集了必须由个体 Agent 负责实现的目标。

❑ 组织层面的社会计划指的是由多个 Agent 满足的相互关联的组织目标的结构，这些 Agent 必须相互协调以处理目标之间的相互依赖关系。这种计划可以由 MAS 的设计者制定，它们利用自己的专业知识来定义计划，也可以由 Agent 自己制定，例如，通过跟踪它们过去的（最佳）解决方案或通过计划来制定。

❑ 一个社会方案收集了一个具有组织目标和相应任务的社会计划。它表示的是组织中的一组 Agent 预期产生的集体和协调行为。

组织目标和社会计划概念是定义组织内预期行为的核心。使用目标而不是动作为基本构造，可以减少对 Agent 的约束。组织对目标所表示的事务状态的满足更感兴趣，而不是对用于达到这一事务状态的手段（即特定动作）感兴趣。

功能性规格（见图 8.6）收集了协调行为的模板，定义为社会方案的列表，其中每个社会方案在功能说明中都有一个独特的标签（如 scheme1），将其组合在一起：

- 一个目标分解树，根是一个全局目标，叶子是 Agent 可以满足的目标。一个目标用一个标识符来表示（例如，goal1、goal2）。一个目标的基数限制了负责实现或维护该目标的 Agent 的数量。每个非叶子目标由计划使用三个运算符分解成子目标：
  - 序列"，"：计划 "$g_1 = g_2, g_3$" 意味着当且仅当目标 g_2 和随后的目标 g_3 被满足时，目标 g_1 将被满足。
  - 选择"|"：计划 "$g_1 = g_2|g_3$" 意味着如果目标 g_2 或 g_3 中的一个且仅有一个得到满足，目标 g_1 将得到满足。
  - 并行"||"：计划 "$g_1 = g_2||g_3$" 意味着如果 g_2 和 g_3 都得到满足，目标 g_1 就会得到满足，而且它们可以并行进行。

```
1   <functional-specification>
2       <scheme id="scheme1">
3           <goal id="goal1" ds="description of goal1">
4               <plan operator="sequence">
5                   <goal id="goal2" ttf="20 minutes" ds="description of goal2"/>
6                   <goal id="goal3" ds="description of goal3"/>
7                   <goal id="goal4" ds="description of goal4"/>
8               </plan>
9           </goal>
10
11          <mission id="mission1" min="1" max="2">
12              <goal id="goal2" />
13              <goal id="goal4" />
14          </mission>
15          <mission id="mission2" min="1" max="1">
16              <goal id="goal3"/>
17          </mission>
18      </scheme>
19  </functional-specification>
```

图 8.6　简单的功能性规格的示例

在我们的例子中，目标 goal1 被分解为目标 goal2、goal3 和 goal4 这三个目标的序列。它们可以用目标间的依赖关系来补充，表示一个目标的实现取决于另一个目标的实现。

- 一个任务列表，其中每个任务收集了可分配给参与组织的 Agent 的目标。一个标签在该方案中唯一地识别它（例如，mission1、mission2）。当一个

Agent 参与到一个组织实体中时，它对任务做出承诺，这意味着它将努力实现任务中包含的所有目标。例如，在 mission1 的情况下，goal2 和 goal3 必须得到满足。任务基数限制了可以承诺任务的最小和最大 Agent 数量（例如，对于任务 mission1，至少有一个和最多两个 Agent）。

一个组织的功能性规格被定义为一套社会方案。任何任务或目标都不能在社会方案之外被定义。

如图 8.7 所示，两个不同的方案实体被创建并设置在图 8.5 所示的组实体的责任之下。而 agent1 在第一个方案实体中致力于 mission1 和 mission2，agent1 和 agent2 都在第二个方案实体中致力于 mission1。从这些承诺来看，预计 Agent 将实现任务定义中涉及的目标。Agent 对任务的承诺不是随意或按 Agent 的意愿进行的。它遵循规范的规格说明中定义的规范，即接下来讨论的组织规格定义的最后一个方面。

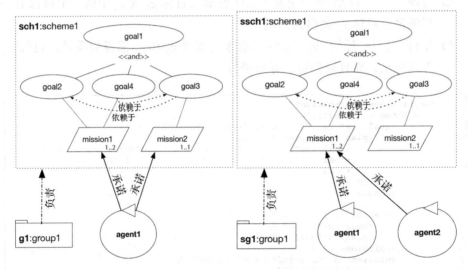

图 8.7 根据图 8.5 所示的组实体，从图 8.6 中定义的功能性规格中制定的社会方案实体

规范性抽象。结构性抽象针对的是系统中 Agent 的结构，功能性抽象针对的是它们行为的协调，而规范性抽象（见图 8.3）关注的是组织中 Agent 的行为的调节。主要的概念是规范。规范从其在组织中的自治性角度出发定义了 Agent 的权利和义务。为此，它将结构和功能抽象与道义情态联系在一起，以表达什么是义务、允许或禁止的，以及对哪些 Agent（当它们在该组织中扮演角色时）。我们可以看到，与其他文献中的规范性方法相反，规范是在一个组织的上下文定义的。这是与其他规范性方法的一个重要区别，其他规范性方法是独立于任何结构或协调运作来定义规范的。

```
<normative-specification>
    <!-- 应用的规范 -->
    <norm id="norm1" type="obligation"
          role="role1" mission="mission1"/>
    <norm id="norm2" type="permission"
          role="role2" mission="mission2"/>
</normative-specification>
```

图 8.8   简单的规范性规格说明示例

规范性规格说明（见图 8.8）是由一列抽象规范组成的，这些规范表达如下：

❑ 一个道义情态，它可以是一个义务（obligation）或一个许可（permission）。

❑ 道义情态所指的角色，结构规格中定义的给定角色标识符（例如，role1，role2）是情态的承载者。

❑ 道义情态所指向的任务（例如，mission1, mission2）。

❑ 一个可选的激活条件，表达了规范被认为是激活的条件。它用于检查组织实体的某些属性或组织中活跃规范的状态（例如，fulfilled, unfulfilled）。当没有定义时，它被认为是默认为真，这意味着一旦组织实体被创建，相应的规范就被激活。

❑ 一个可选的时间约束，它定义了一个时间表达式，说明对规范的履行的时间约束。在这个期限之后，该规范被认为是 unfulfilled。

这些规范是抽象的，因为它们以抽象的项表达了在小组中的角色的预期行为，以完成小组所负责的社会方案中的任务。在颁布组织规格后，它们在组织实体的上下文下被解释和考虑；扮演该角色和特定任务的特定 Agent 在实际的小组实体的上下文下被解释。因此，该规范被分配给扮演该角色的任何 Agent。

如图 8.7 所示，根据规范的规定以及社会方案和小组实体的定义，Agent 致力于使命 mission1 和使命 mission2：agent1 和 agent2 致力于 mission1，因为它们都扮演着角色 role1，而角色 role1 是根据规范 norm1，致力于使命 mission1 的义务的承担者，agent1 致力于其他组织实体中的 mission1 和 mission2，因为它在扮演 role1 和 role2。

一个组织的部分规格

即使结构性和功能性规格的定义不是强制性的，缺少一个或两个也会在 Agent 中引入负担和额外的计算。

如果缺少结构性规格，就没有结构来帮助 Agent 进行合作。在图 8.1 所示的情况下，由于它们不知道谁参与了时间表定义的集体任务，它们应该相互协商，以确定谁在时间表定义上有主导权，以及与谁合作。

如果功能性规格缺失，Agent 每次想一起动作时都必须推理出一个集体计划。例如，在图 8.1 所示的情况下，它们必须（重新）定义一个蛋糕的食谱，并在他们之间进行协调（例如，通过通信信息的交换），每次他们必须准备一个蛋糕。即使有一个小的可能计划的搜索空间（因为结构限制了 Agent 的选择），这也可能是一个困难的问题。此外，为特定问题制定的计划可能会丢失（例如，如果 Agent 离开组织），因为没有组织存储来保存这些计划。

在两种规格都缺失的情况下，问题是上述缺点的结合。

除了避免这些问题外，定义了三种规格的好处是，Agent 有更多的信息来推理组织中其他 Agent 的位置，从而更好地与他们交互。如（Hübner 等人，2004）所示，将结构性和功能性规格独立出来有助于定义一个灵活的重组过程：MAS 可以改变自己的结构而不改变其协调性，反之亦然。例如，在图 8.1 所示的案例中，在 MAS 以协调的方式执行各种蛋糕食谱时，可以保持 cake_staff 组的相同结构。

8.3　组织执行

我们现在描述一个组织的生命周期。组织规格的生命周期取决于开发多 Agent 系统组织的利益相关者的行动（例如，功能或非功能要求的变化），或者取决于参与重组过程的 Agent 本身的动作（Hübner 等人，2004）。下面，我们抛开后一种生命周期，重点讨论组织实体的生命周期，这在 MAS 的任何执行中都会遇到。

正如上一节所介绍的，组织实体以从结构性、功能性和规范性概念中定义的组织声明以及出现在组织规格的相应规格中的数据结构来表示组织的状态。这种表述分布在三种类型的实体中：小组、社会方案和规范性实体。

一个小组实体与组织规格中定义的小组有关。它所代表的状态包含小组实体的所有者、与子组实体和父组实体的链接，以及角色扮演者 Agent 的集合（即一组 Agent、角色元组）与其他角色扮演者 Agent 的链接。一个小组实体与父或子小组实体协调管理这一表示，同时考虑到结构规格中定义的小组形成约束。在一个组织实体中，可能存在几个引用同一小组规格的小组实体。一个组织实体的结构状态是由每个组实体管理的分布式表示建立的。它表示组织中的 Agent 如何被结构化为组，它们扮演哪些角色，以及它们彼此之间的交互联系。

　　一个社会方案实体与功能规格中定义的社会方案有关。它所代表的状态包含社会方案实体[⊖]的所有者、负责为方案执行提供 Agent 的小组实体、对任务的承诺以及计划中出现的每个目标的状态。社会方案实体管理这种状态，同时考虑到其规格中定义的约束。关于小组实体，在组织实体中可能存在参考同一社会方案定义的几个社会方案实体。一个组织实体的功能状态是由每个社会方案实体管理的分布式表示建立的，这些表示是 Agent 根据功能规格考虑的任务和目标的状态。

　　一个规范性实体与小组和社会方案实体有关。每当一个小组实体对一个方案实体负责时就会创建，它也可以由 Agent 创建，以管理一套特定的规范。规范性实体包含从规范性规格的抽象规范中建立的一组规范的状态，特别是那些角色和任务与一些相应的小组和社会方案实体相关的规范。对规范性实体的管理考虑到了小组和社会方案实体的演变。像其他实体一样，几个规范性实体可以参考规范性规格的同一组抽象规范。一个组织实体的规范状态是由每个规范实体管理的关于规范状态的分布式表示建立的。

　　从这个讨论中，我们看到一个组织实体的管理分布在几个实体中：小组、社会方案和规范性实体。这些分布式表征的一致性是通过协调管理小组 / 子组实体、小组和社会方案实体以及带小组的规范性实体和社会方案实体来保证的。正如我们随后看到的，这些实体中的每一个都有自己的生命周期。因此，一个组织实体的生命周期是由这些实体中的每一个的生命周期之间的紧密交互而产生的。

　　组织实体的生命周期。组织实体的生命周期如下：

1. 在选定的组织规格的基础上创建组织实体（见下面代码的第 9～12 行，这相当于一个 Agent 采取动作创建一个组织实体）。然后，它由参与组织实体的小组、方案或规范性实体的创建序列组成。

2. 小组、社会方案和规范性实体的生命周期的执行，与 Agent 和环境的生命周期有关。它包括根据规定 Agent 行为的组织规格，通过采用角色、创建小组、对任务的承诺、履行或不履行规范等产生的持续更新和变化。关于每个实体生命周期的更多细节将在后文中描述。

3. 一旦属于该组织的所有其他实体被删除，MAS 中的组织实体就会被销毁。

⊖　请注意，一个小组（即社会方案）实体的所有者不一定是该小组（即社会方案）实体的创造者。在创建之后，没有所有者；一旦创建，任何 Agent 都可以成为所有者。当它有一个所有者时，只有所有者可以改变所有权。

小组实体的生命周期。 小组实体的生命周期有以下步骤：

1. 根据小组定义创建一个小组实体（第 15～16 行使用 `createGroup` 操作将一个组实体 g1 添加到 `smorg` 组织实体中）。根据结构规格中定义的小组 / 子组层次结构，该组实体与它的父组相连。层次结构中的根组实体应该是第一个被创建的实体。

2. 成为小组实体中的角色参与者的 Agent 对角色的采用（第 18～20 行），使用 `adoptRole` 操作，说明在小组实体 `GrArtId` 中采用哪个角色。

3. 确保小组实体是完整的，也就是说，小组形成的约束条件得到满足（当它是完整的时候，第 22 行的 `.wait` 停止执行意图，等待信号 `formationStatus(ok)` 生成 `GrArtId`）。这意味着小组 / 子组实体层次结构是完整的，子组实体是完整的，并且小组实体有一个有效的相互连接的角色玩家结构，有有效的 Agent 数量来扮演它们（不存在角色兼容问题，并且 Agent 数量大于或等于角色基数所述的最小值和小于或等于其最大值）。

4. 指定小组实体负责执行一个或几个社会方案实体（第 26 行为此使用 `addScheme` 操作）。对一个社会方案负责意味着该小组实体中的 Agent 必须对社会方案的任务做出承诺。例如，如果我们有两个相同方案规格（sch_1）的社会方案实体（s_1 和 s_2），和两个小组实体（g_1 和 g_2），使得 s_1（或 s_2）由 g_1（或 g_2）负责，那么只有在 g_1 中扮演角色的 Agent 可以（或必须）承诺 s_1 中的任务，只有 g_2 的 Agent 可以（或必须）承诺 s_2 中的任务。对于一个小组实体所负责的每个社会方案，都会创建一个规范性实体，并与相应的社会方案实体和小组实体相连。

5. 断开不再有 Agent 承诺其任务之一的社会方案实体（和相应的规范性实体）的连接。

6. 当小组实体没有与之相连的子组，也没有社会方案责任，并且在所有参与其中的 Agent 都离开了它们的角色时，就可以删除该小组实体。

```
7    +!start : true
8      <- // 创建 "smorg" 组织实体
9         createWorkspace(smorg);
10        joinWorkspace(smorg,WspId);
11        makeArtifact(smorg, "ora4mas.nopl.OrgBoard",
12                     ["src/org/org.xml"], OrgArtId)[wid(WspId)];
13        focus(OrgArtId)[wid(WspId)];
14        // 组实体生命周期：在 "smorg" 中创建组实体 "g1"
15        createGroup(g1, group1, GrArtId)[artifact_id(OrgArtId)];
16        focus(GrArtId)[wid(WspId)];
17        // 组实体生命周期：在 "g1" 中采用角色 "role 1"
18        adoptRole(role1)[artifact_id(GrArtId)];
19        // 组实体生命周期：在 "g2" 中采用角色 "role 2"
20        adoptRole(role2)[artifact_id(GrArtId)];
21        // 组实体生命周期：等待 "g1" 被组建好
```

```
22        .wait(formationStatus(ok)[artifact_id(GrArtId)]);
23        // 方案实体生命周期：社会方案实体 "sch1" 的创建
24        createScheme(sch1, scheme1, SchArtId)[artifact_id(OrgArtId)];
25        // 组实体生命周期：在 "g1" 的责任下添加 "sch1"                              '1"
26        addScheme(sch1)[artifact_id(GrArtId)];
27        focus(SchArtId)[wid(WspId)];
28        // 创建了 "smorg" 组织实体
29
30
31    // 方案实体生命周期：对任务的承诺
32    +permission(Ag, MCond, committed(Ag, Mission, Scheme), Deadline) : .my_name(Ag)
33        <- commitMission(Mission)[artifact_name(Scheme)].

46    // 与方案有关的通用定义中的方案实体和规范实体生命周期                              
47    // 服从规范处方
48    { include("$moiseJar/asl/org-obedient.asl") }
```

社会方案实体的生命周期。 社会方案实体的生命周期有以下步骤：

1. 通过使用 smorg 组织实体上的 createScheme 操作，在功能规格中定义的社会方案基础上创建社会方案实体（第 23 行）。

2. 一旦社会方案实体由一个小组实体负责，在负责该方案实体的小组实体中发挥作用的 Agent 就被允许或有义务根据规范性规格说明中定义的准则对社会方案中定义的任务做出承诺（见第 48 行，其中包括承诺任务的共同计划）。

3. 一旦社会方案实体的完整性被确定（即任务有有效数量的 Agent 承诺），Agent 可以按照计划定义的顺序追求目标。目标在 Agent 之间的分配是根据它们承诺的任务和规范性规格说明中定义的规范。

4. 当方案的根本目标被实现或被认为不可能实现时，社会方案就结束了。

5. 当没有 Agent 致力于社会方案的任务时，社会方案实体可以从其相应的小组实体中分离出来。

6. 一旦脱离，社会方案实体就可以被 Agent 删除。

请注意，各种社会方案实体可以在任何时候从同一个社会方案规格（specification）中创建。

关于目标生命周期，在一个社会方案的执行过程中，计划中出现的目标可以处于以下状态之一（见图 8.9a）：

❑ waiting 这个目标还不能被追求，因为它取决于其他目标（称为目标先决条件）的满足情况，或者取决于社会方案实体的完整性。目标先决条件的集合是从社会方案的计划中推导出来的，也就是说，是从操作者和目标之间的依赖关系中推导出来的。这个状态是每个目标的初始状态。

❑ enabled 一旦社会方案实体很好地形成了，并且目标先决条件得到满足，该目标就可以被追求。致力于包含已启用目标的任务的 Agent 可以追求这些目标。

- achieved 致力于该目标的 Agent 已经能够实现该目标。
- impossible 致力于该目标的 Agent 得出结论，它们将无法实现它（目标不可能，如图 8.9 所示）。

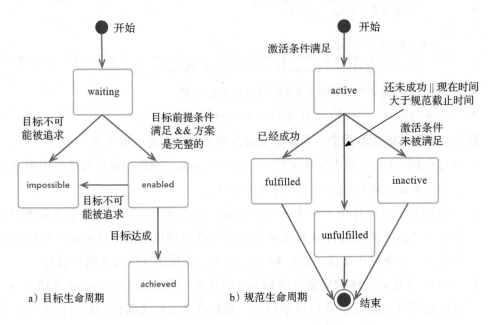

图 8.9　a）目标在方案实体中的生命周期，b）规范在规范实体中的生命周期

　　请注意，从等待状态到启用状态的变化是由社会方案实体执行的，而从启用状态到实现状态的变化是由 Agent 的行为引起的。

　　规范性实体（Normative entity）**的生命周期**。规范性实体的生命周期有以下步骤：

- 规范性实体的创建以及与它相应的小组实体和社会方案实体的连接是按照规范性规格进行的。
- 一旦社会方案实体由其小组实体负责，规范性状态就由任务规范组成。这些规范性表达是从规范实体的抽象规范中建立起来的，由在小组实体中扮演角色的 Agent 取代角色。一旦建立，这些规范就遵循下面介绍的规范生命周期。
- 社会方案实体的完整性会被检查，也就是说，所有的任务规范都被履行了（Agent 致力于规范中提到的任务），并且社会方案的所有约束都被满足。一旦有完整的社会方案实体，并且只要相应的目标状态被根据社会方案所管理的相应计划的设置所启用，规范实体就会被更新为目标规范。请注意，目标规范是义务表达，鉴于相应目标的状态（已实现或未实现），它可以被履行或不被履行。它们是由任务规范创建的，具体如下：对任务的义务涉及对目标的义务，而对任务的许可涉及对目标的义务，只要对任务的承诺。我们应该注意到，对许可任务的承诺意味着对属于它的目标的义务的产生，因为我们认为一旦对任务做出承诺，Agent 就必须实现这些目标，以便不产生不一致的行为。

❑ 一旦所有的规范都被履行了，那么规范的实体就会从其社会方案和小组实体中脱离出来。一个 Agent 只有在其义务已经履行的情况下才能取消其承诺。如果不是这样（即一个 Agent 没有履行其义务），系统不允许它从其对任务的承诺中解脱出来。

实例化的规范（包括任务规范和目标规范）可以有以下状态（见图 8.9b）：

❑ active 规范表达的激活条件成立（在任务规范的情况下，这是在抽象规范中定义的激活条件，而在目标规范的情况下，这是该目标已经被启用的事实）。

❑ fulfilled 规范的行为模式的对象已经成功了（对于任务规范来说是承诺，对于目标规范来说是目标实现）。

❑ unfulfilled 在义务的情况下，行为方式的对象没有成功完成（对任务规范来说是承诺，对目标规范来说是实现），或者说最后期限已经过去。该规范已经被违反了。

❑ inactive 激活条件不再成立。

参与组织实体的 Agent。为了结束对组织执行模型的介绍，我们介绍了一个扮演角色的 Agent 的生命周期；也就是说，一个在组织实体中发挥作用的 Agent：

1. Agent 在小组中采用角色，成为相应小组实体中的角色参与者。Agent 对角色的采用受到角色基数和角色兼容性的制约。也就是说，一个 Agent 在组织中采用角色应该有明确的策略。

2. Agent 在社会方案实体中承担对任务的承诺。对任务的承诺受到规范性的规格说明以及任务约束的制约。

3. Agent 根据目标出现的方案执行进度，承担与承诺任务相关的目标（见图 8.10）。

4. 移除承诺。这种删除也是有约束的；只有在其义务已经履行的情况下，Agent 才能移除其承诺。如果一个 Agent 没有履行其义务，系统就不应该允许它移除承诺。

5. 如果 Agent 没有未履行的承诺，它可以决定离开其角色，并可以退出相应的小组实体。

从这个介绍中，我们可以注意到，虽然小组和社会方案实体的变化是 Agent 动作的直接结果——例如创建小组、采用角色和承诺任务，但规范性状态观察其监测的小组和社会方案实体，用于激活/停用规范，并触发将被 Agent 感知的事件。规范所规定的监管只取决于系统中的结构和协调在 Agent 的动作下是如何演变的。因此，Agent 没有动作来直接改变规范实体，而它们必须对小组和社会方案实体采取行动。

```
// 领域层面的动作：目标的满足
+!goal2[scheme(sch1)]   <- .println("satisfying goal2 in sch1");   +goal2.
+!goal3[scheme(sch1)]   <- .println("satisfying goal3 in sch1");   +goal3.
+!goal4[scheme(sch1)]   <- .println("satisfying goal4 in sch1");   +goal4.
+!goal2[scheme(ssch1)]  <- .println("satisfying goal2 in ssch1");  +goal2.
+!goal3[scheme(ssch1)]  <- .println("satisfying goal3 in ssch1");  +goal3.
+!goal4[scheme(ssch1)]  <- .println("satisfying goal4 in ssch1");  +goal4.
```

图 8.10   Agent 计划实现组织目标

将组织置于一个环境中

在 MAOP 方法所针对的复杂系统类型中，需要重点考虑对 Agent 所处环境中的规范的解释。这种解释在文献中通常被称为章程（constitution）（Searle 1997，2010；Balke 等人 2013）。

例如，在拍卖场景中，规范可以监管参与拍卖的 Agent 的支付和出价。如何实现支付（使用纸币或其他方式）和如何实现出价（例如，通过举手或喊话）并没有被规范明确定义。然而，为了监测规范的激活、违反和履行，这些定义是第一重要的。我们需要说明环境中的哪些内容构成了对规范的支付和出价。例如，有必要说明举手是环境中的一个事件，这在拍卖过程中被算作是出价。

章程（constitution）为 MAOP 提出了两个问题。首先是如何定义出现在组织维度中的概念与环境维度中的对应概念之间的关系（例如，将对人工品的某些操作的执行解释为组织目标的实现，将对人工品的一组操作的执行确认为某个 Agent 正在扮演某种角色的事实）。其次是如何定义它，以便对人工品的同一组操作可以用不同的规范来指称，并且相互有可能使用同一规范，例如，不同的操作集被算作规范的实现（例如，使用举手或眨眼来算作实现了一个投标）。

文献提出了不同的模型（Broersen 等人，2013；Broersen 和 van der Torre，2012；Boella 和 van der Torre，2004），在环境和规范实体之间引入一个中间实体，称为构成性实体，构成性声明被置于其中。还建议引入构成性规则的明确表示，以捕捉环境中的 Agent、事件和状态作为制度事实的解释，这有助于规范的管理。尽管文献中提出了专门的规范和构成规则的方法，但它们通常并不相互联系（Boella

和 van der Torre，2006）。de Brito 等人（2018、2017）在论文中介绍的情境人工机构模型提出了解决这些问题的方案和架构，并被整合到 JaCaMo 中。

与这种将环境解释为规范监督的具体事实提供者相反，组织可以通过允许环境元素控制和调节 Agent 的动作或感知来赋予其权力。如（Okuyama 等人，2013）和（Piunti 等人，2009）所示，这种动态关系是将组织置于环境中的一种实用方式。

8.4　参考资料

组织的概念及其相关概念在 20 世纪 80 年代的开创性工作中开始被认为是多 Agent 系统的一个重要（独立）维度（Fox，1981；Corkill 和 Lesser，1983；Pattison 等人，1987；Gasser 等人，1989）。鉴于其多学科的性质，人们从不同的角度来探讨组织维度，从社会学（Ferber 和 Gutknecht，1998；Demazeau 和 Rocha Costa，1996；Bond，1990）到伦理学（Drogoul 等人，1995），产生了几个组织模型 [例如，AGR（Ferber 和 Gutknecht）、TeamCore（Tambe）、Islander（Esteva 等人）和 Moise（Hübner 等人）]。Moise 是本书中描述的组织维度的基础模型。它起源于对（Hannoun 等人，2000）中提出的初始版本的重构。在各种期刊论文和书籍中都提出了对这些不同模型的广泛比较（Coutinho 等人，2009；Ossowski，2012；Dignum，2009；Aldewereld 等人，2016）。

随后，在 MadKit（Gutknecht 和 Ferber，2000）、Karma（Pynadath 和 Tambe，2003）、Ameli（Esteva 等人，2004）、ORA4MAS（Hübner 等人，2010）、OMNI（Dignum 等人，2004）和 2OPL（Dastani 等人，2009）等平台中提出了对该维度进行编程的初步建议。对于该领域的详细介绍，International Workshop on Coordination, Organizations, Institutions and Norms (COIN) 已经出版了一系列书籍（例如 Ghose 等人，2015）。

在本章和本书中，我们没有考虑多 Agent 系统中组织的一个方面，即所谓的突发组织。突发组织是一个组织实体，其属性在 Agent 本身的层面上是未知的，也就是说，在 Agent 中或 Agent 之外不存在任何代表。利益相关者可以观察到一个组织实体，它是 MAS 中 Agent 之间发生的交互的副作用。这通常被称为复杂系统中的组织（Morin，1977）或自域。[⊖]

㊀　关于自适应和自组织系统的系列会议，在 http://www.sasoconference.org/ 可查阅更多信息。

8.5 练习

练习 8.1   定义管理期刊论文的合作写作的组织规格。写作的管理由助理 Agent 处理，它们支持用户在全局工作流的执行中来执行这一过程。我们将考虑这个组织的结构只有一个小组，使得一个编辑（不超过一个）和一组作者（为了保持写作的可管理性，我们允许一到五个作者参与这个小组）合作。编辑对作家有权限。有可能同时是编辑和作者。在这种结构下，要写出论文的提交版本，首先要产生论文的草稿版本，然后是提交版本。草稿版由标题、摘要、引言和章节名称列表组成。草稿版只由编辑制作，而提交版本的各部分内容由作者完成，除了结论由编辑撰写。每位作者提供的参考文献将被添加到提交的版本中。

练习 8.2   定义一个硕士培训项目的管理组织的规格。行政任务的管理是由一组助理 Agent 实现的，它们帮助教员和学生完成它们的任务。因为任务的过程很复杂，我们在这里重点讨论课程注册的过程：在注册成为硕士生后，每个学生必须申请注册他／她感兴趣的课程。这需要学生填写一份表格，得到负责该课程的教授的同意，然后交给行政部门的秘书，秘书要求教学主任进行验证，如果验证通过，则要求数据库管理员进行存储。然后，学生会被告知他／她的申请成功／失败。

练习 8.3   重新考虑第 6 章中提出的家用机器人练习，并通过考虑几个主人，每个人都有一个机器人的协助，可以使用一个唯一的冰箱和一个超市来扩展它。在冰箱里缺少啤酒的情况下，只有一个机器人可以使用超市的送货上门服务订购更多的啤酒。该应用程序不是由卫生部硬性规定的机器人，而是根据主人的年龄定义了几个政策。在启动系统时，会根据主人的年龄创建适当的政策集。

CHAPTER 9

第 9 章

情境 **Agent** 的组织编程

在这一章中，我们看到组织维度在智能房间场景的进一步扩展中的实践，涉及 Agent 之间更明确和复杂的协调模式。我们在上一章介绍的组织概念和编程抽象的基础上重新设计了该场景，特别讨论了如何重新构建 Agent 之间的协调模式以实现更多的灵活性和开放性。本章还探讨了如何对 Agent 进行编程，以推理它们所参与的组织，使得它们可以在任务、目标和职责方面发现一些有趣的角色。

9.1 对有组织的智能房间的编程

在这一章中，我们扩展了之前管理单个房间温度的例子，引入了一组房间，每个房间有不同的温度管理策略（例如，一个房间有投票机制，另一个房间有先来后到的政策）。该组织将帮助我们通过使用合适的语言，以抽象的方式定义这些政策。因此，当我们想在房间里应用不同的政策时，我们或 Agent 本身可以简单地选择一个不同的组织。例如，在第 7 章的单一房间温度应用中，投票过程是在 `room_controller` 或 `personal_assistant` Agent 和 VotingMachine 人工品程序中硬编码的。然而，Agent 和人工品编程语言的设计并不容易管理这样一个过程。这里的目的是把在组织维度中明确编程的投票过程变成一种专门设计的语言，以便我们（软件开发者或 Agent 本身）通过只改变组织而不触及 Agent 或人工品程序来定义和更改修改温度的流程。

定义智能房间的组织。 我们首先在前几章中使用的投票过程的基础上指定一个组织。如第 8 章所述，组织的规范有三个部分：结构性（小组、角色……）、功能性（社会方案、目标……）和规范性（准则）。在这个组织的结构部分，我们有以下的角色要由 Agent 来扮演：

❑ 助理。这个角色由想根据主人的喜好保持室温的 Agent 扮演。

❑ 控制者。这个角色由能够处理暖通空调（hvac）的 Agent 扮演。

在图 9.1 中由房间标识的小组中，应该正好有一个 Agent 扮演控制者的角色，最多有五个 Agent 扮演助理。Controller（控制者）和 assistant（助理）角色的基数（< min, max >）分别为 < 1, 1 > 和 < 1, 5 >。具有这种 Agent 配置的小组实体被认为是完整的。通过定义这个小组，我们将 Agent 对温度选择的参与限制在那些通过扮演两个角色之一而加入小组的人，同时也限制了这种 Agent 的数量。该组织还定义了自己的目标，以及何时和由哪些 Agent 实现这些目标——规范的功能部分。对于投票协议，我们可以考虑以下目标：

❑ preferences 收集用户的温度偏好。

❑ open_voting 启动投票程序。

❑ ballot Agent 为它们的首选方案投票。

❑ close_voting 停止投票过程并确定室温。

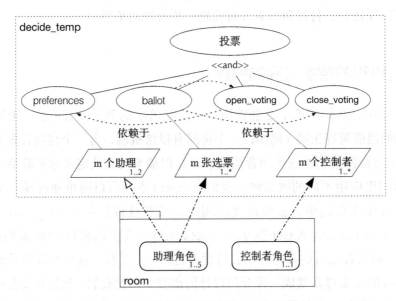

图 9.1 有组织的智能房间的组织规格

这些目标是投票目标的子目标，也是 decision_temp 方案的一部分，如图 9.1

所示。子目标的实现意味着投票目标的实现。该方案还规定，这些目标应该完全按照这里的顺序来实现。

我们用一些规范来完成组织规格。它们宣布了一套定义了 Agent 在房间组中扮演角色时必须履行的职责和权限。这些规范包括以下内容：

❑ 扮演助理的 Agent 被允许实现目标偏好。

❑ 扮演助理的 Agent 有义务实现投票的目标。

❑ 扮演控制者的 Agent 有义务实现 open_voting 和 close_voting 目标。

义务意味着许可，所以 personal_assistant Agent 也被允许实现该目标，其他角色没有这个许可。通过规范性说明，我们限制了谁可以实现组织目标：它们只能由那些通过它们所扮演的角色有义务或被允许这样做的 Agent 来实现⊖。

到目前为止所描述的小组、方案和规范构成了一种组织类型，其规范被编码在一个 XML 文件中——它被称为组织规格（Organization Specification，OS）。这个文件有三个部分，对应于我们刚才定义的三个规范：结构性、功能性和规范性。对于有组织的智能房间的例子，文件的内容如下：

```
1    <?xml version="1.0" encoding="UTF-8"?>
2    <?xml-stylesheet href="http://moise.sf.net/xml/os.xsl"
3                     type="text/xsl" ?>
4    <organisational-specification id="room_org"
5
6      os-version="0.11"
7      xmlns='http://moise.sourceforge.net/os'
8      xmlns:xsi='http://www.w3.org/2001/XMLSchema-instance'
9      xsi:schemaLocation='http://moise.sourceforge.net/os
10                        http://moise.sourceforge.net/xml/os.xsd' >
11
12     <structural-specification>
13         <group-specification id="room" >
14             <roles>
15                 <role id="assistant"  min="1" max="5" />
16                 <role id="controller" min="1" max="1" />
17             </roles>
18         </group-specification>
19     </structural-specification>
20
21     <functional-specification>
22         <scheme id="decide_temp" >
23             <goal id="voting">
24                 <plan operator="sequence" >
25                     <goal id="preferences" ttf="5 seconds" />
26                     <goal id="open_voting"/>
27                     <goal id="ballot" ttf="10 seconds">
```

⊖　在本示例的规范集中有一些隐含的禁令，例如不扮演助理角色的代理被禁止实现投票的目标。

```
28                          <argument id="voting_machine_id" />
29                      </goal>
30                      <goal id="close_voting" />
31                  </plan>
32              </goal>
33
34          <mission id="mAssistant" min="1" >
35              <goal id="preferences"/>
36          </mission>
37
38          <mission id="mVote" min="1" >
39              <goal id="ballot"/>
40          </mission>
41
42          <mission id="mController" min="1" >
43              <goal id="open_voting"/>
44              <goal id="close_voting"/>
45          </mission>
46      </scheme>
47
48  </functional-specification>
49
50  <normative-specification>
51    <norm id="n1a"          type="permission"
52          role="assistant"  mission="mAssistant" />
53    <norm id="n1b"          type="obligation"
54          role="assistant"  mission="mVote" />
55    <norm id="n2"           type="obligation"
56          role="controller" mission="mController" />
57  </normative-specification>
58 </organisational-specification>
```

我们可以注意到，这个文件比图 9.1 所示的规格有更多细节。该图只代表了规格的一部分，所以在 OS 文件中增加了更多细节。

❑ 有些目标有一个 ttf（履行时间）属性（第 25 行中有一个例子）。这个属性的值定义了 Agent 履行相关义务的期限。例如，一旦激活迫使某个 Agent 实现偏好的规范，该 Agent 有五秒钟的时间来实现它。

❑ 目标 ballot 有一个参数（第 28 行的 voting_machine_id）。这个属性的值是在运行时定义的，并将由参与方案的 Agent 知晓。在这种情况下，它们使用该值来选择它们有义务投票的投票机。

❑ 任务（mAssistant、mVote 和 mController）被指定为组合相关的目标（第 34 行）。任务定义了一个 Agent 要实现的一组组织目标，因此，由于结构化的目标集的社会计划，一个 Agent 可以知道它何时必须参加方案的执行。在这个组织中，社会方案要求 Agent 存在于三个任务中，每个任务中至少有一个 Agent。只有当足够多的 Agent 致力于任务时，方案才会形成，并可以开始执行。

❑ 准则是为任务而不是为目标定义的（第 50 行）。Agent 有义务或被允许致力于一个社会方案的任务。一旦承诺，它们总是有义务实现作为这些任务一部分的目标。

部署有组织的智能房间。 该组织规格可以被实例化，创建一个组织实体（OE），可以通过主应用程序文件（.jcm 文件）中的一个条目或 Agent 本身来实现。考虑到应用程序文件的选项，下面的代码摘录说明了根据前面介绍的规范（在一个名为 smart_house.xml 的文件中）创建一个名为 smart_house_org 的组织实体。

```
1    mas org_voting {
2        // ...Agent 和工作空间在这里创建
3        organisation smart_house_org : smart_house.xml {
4            group r1 : room {
5                players: pa1 assistant
6                         pa2 assistant
7                         pa3 assistant
8                         rc  controller
9                responsible-for : temp_r1
10           }
11           scheme temp_r1: decide_temp
12       }
```

在这个组织实体中，基于组规格房间，我们创建了一个小组实体，由 r1 标识（第 4 行），在这个实体中，Agent 扮演一些角色，就像在扮演关键字后面列出的那样（见图 9.2）。在这种情况下，我们要为应用文件中的 Agent 分配角色。当然，就像在这个文件中写的许多初始定义一样，角色的采用可以在 Agent 内部进行编码，我们随后讨论如何进行编码。该组织还有一个社会方案实体，由 temp_r1 标识（第 11 行），小组实体 r1 中的 Agent 将负责其任务和目标（第 9 行）。

对 Agent 进行编程，使其在有组织的智能房间中动作。 我们现在关注 Agent 维度以及如何对参与该组织的 Agent 进行编程。MAOP 方法的一个重要原则是，Agent 可以用自己的方式实现组织目标。因此，我们必须在 Agent 中编程以实现组织目标；例如，room_controller Agent 应该有组织目标 open_voting 和 close_voting 的计划，它在参与组织时可能必须实现这些目标：

```
1    +!open_voting[scheme(S)]
2      <- // 从助理发出的消息那里得到温度偏好
3         .findall(T,pref_temp(T)[source(_)],Options);
4
5         // 从组织中获得选民（Agent 扮演助理）
6         .findall(A, play(A,assistant,_), Voters);
```

```
7
8          // 打开"投票机"
9          vm::open(Options, Voters, 4000);
10         .print("Options are ",Options," voters are ",Voters);
11
12         // 设置组织目标"投票"的参数
13         setArgumentValue(ballot,voting_machine_id,v1)[artifact_name(S)];
14     .
15
16  +!close_voting
17      <- ?vm::result(T);
18         .println("Creating a new goal to set temperature to ",T);
19         .drop_desire(temperature(_));
20         !!temperature(T);
21     .
```

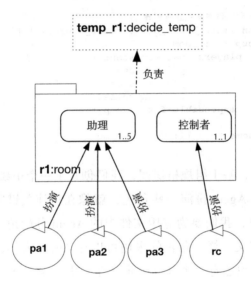

图 9.2   组织实体和组实体 r1

VotingMachine 人工品仍然被使用（如图 7.3 所示），因为它提供了适当的使用接口来实现投票过程的动作。room_controller Agent 使用这个人工品来实现 open_voting 的目标。我们强调第 6 行，信念的咨询 play(Ag, Role, Group) 被用来识别所有扮演助理角色的 Agent。Agent 之间的广播信息不再需要找出谁是助理。Agent 头脑中的 play/3 信念来自于组织实体。第 8 章中描述的组织执行模型中定义的这个组织实体的管理是由专门的人工品实现的，称为组织人工品。它们提供了一套可观察的属性，为 Agent 提供了对组织实体状态的看法，以及一套供 Agent 改变组织的操作。任何关注它们的 Agent 都可以感知并改变组织的状态。

personal_assistant Agent 的程序也有处理组织目标偏好（preferences）和投票（ballot）的计划：

```
+!preferences
  <- ?pref_temp(T); // 咨询我个人的喜好
     .send(rc, tell, pref_temp(T)); // 并且发送给 rc
     .

+!ballot
  <- .wait(300); // 思考如何投票
     // 得到 VotingMachine 人工品的名字
     // 为组织目标"投票"定义
     ?goalArgument(_, ballot, "voting_machine_id", VMName);
     // 获取投票机所在的工作空间 id 为
     ?joined(vmws,VWId);
     lookupArtifact(VMName,VMId)[wid(VWId)];
     // 关注使用命名空间 vm 的投票 VotingMachine
     vm::focus(VMId)[wid(VWId)];

     // 咨询温度选择
     ?vm::options([First,Second|_]);
     // 只需就第二种选择进行表决 (!)
     vm::vote([Second]);
     .

{ include("$moiseJar/asl/org-obedient.asl") }
```

最初，我们考虑完全服从的 Agent，也就是说，它们服从组织的规范所决定的义务、权限和禁止。写在前面程序最后一行的 include 命令所包含的文件中的计划给了助理 Agent 这种行为。更确切地说，包括文件 org-obedient.asl 将以下计划添加到 Agent 的计划库中：

```
1  +obligation(Ag, MCond, committed(Ag,Mission,Scheme), Deadline)
2      : .my_name(Ag)
3      <- commitMission(Mission)[artifact_name(Scheme)].
4  +obligation(Ag, MCond, done(Scheme,Goal,Ag), Deadline)
5      : .my_name(Ag)
6      <- !Goal[scheme(Scheme)].
```

我们可以注意到，这些计划对信念的增加有反应：

```
obligation(Ag, MCond, What, Deadline)
```

如同信念 play/3，信念 obligation/4 来自组织，所有关注组织人工品的 Agent 都会感知到它们。这个义务可以被解读为 " Agent Ag 有义务在 Deadline 之前做什么（What），同时 MCond"。Deadline 参数是将"履行时间"[time to fulfill(ttf)，在 OS 中定义] 加到规范被激活的时间的结果。如果 OS 中没有提供 ttf，就没有最后期限。What 参数是 Agent 有义务实现的组织事实。正如第 8 章所解释的，分别对应于任务和目标规范，有两种"What 参数"被考虑：

❑ committed(Ag,Mission,Scheme) Agent Ag 有义务对 Mission 做出承诺。当 Agent 在一个负责 Scheme 的组中扮演一个对 Mission 有义务的角色

（如 OS 规范中规定的）时，就会产生这种义务。履行这种义务很简单：Agent
只需要使用组织人工品中的操作 commitMission 来承诺任务。

- ❑ done(Scheme,Goal,Ag) Agent Ag 有义务实现目标 Goal。这种义务是在目
  标 Goal 被启用时产生的。一个组织目标在以下情况下被启用：（1）其方案实
  体是完整的；（2）其前提目标被实现。在我们的例子中，目标 open_voting
  的实现是投票的前提条件，这是由社会方案中目标投票的分解所暗示的。第
  4～6 行的计划对这一义务的反应是将组织目标作为 Agent 的目标（第 6 行）。目
  前，Agent 通过完成实现目标 Goal 的计划的执行来履行这一义务[⊖]。尽管 Agent
  可能通过实现目标 Goal 来履行义务，但在这个例子中，只有当所有承诺的
  Agent 都这样做时，目标才被认为已经实现。

与从规范中创造义务（obligation）类似，许可（permission）也被创造，其
论据与义务相同。

personal_assistant Agent 有一个计划，因为关于 OS 的规范 n1a，它们被允
许（而不是必须）致力于任务 mAssistant：

```
+permission(Ag, MCond, committed(Ag,Mission,Scheme), Deadline)
  : .my_name(Ag)
  <- commitMission(Mission).
```

除了对组织实体中发布的变化（义务和许可）和那些从规范中发布的实现组织目标
的计划做出反应外，personal_assistant Agent 继续对其环境中的变化做出反应。
下面的计划对用户在房间里的新活动做出反应：

```
+activity(A) : A \== "none"  <- resetGoal(voting).
```

这个计划使用 resetGoal 动作来重新开始方案的执行。这个操作将 Goal 和方
案实体中所有跟随它的目标设置为未实现的。例如，通过重置目标 voting，它的所有
子目标（preferences、open_voting、……）和它本身都被视为未实现；通过重
置目标投票，目标 ballot 和 close_voting 都不再被视为满足。通过重置根目标
voting（如上述计划所做的），personal_assistant Agent 有效地再次启动该方案，
这将触发致力于包括这些目标的任务的 Agent 的新义务。

⊖ 这种履行方式远非理想，因为它取决于 Agent 的内部状态。它基于 Agent 计划的执行，在开放系统的情
况下，设计者甚至可能不知道这个计划，因此它的执行可能对义务毫无意义。相反，履行应该基于环境
中的具体变化而发生。例如，为了履行义务 done(s1,open(door),bob)，门应该被认为是打开的；
仅仅运行一个开门的计划是不够的，因为该计划可能会失败。de Brito 等人（2018）提出了一种更好的
履行义务的方法，基于情景人工机构（SAI）的概念。

JaCaMo 中的组织管理

一个组织实体的管理是由一套专门的组织人工品实现的，Agent 在这个组织实体中发挥作用时可以关注这些人工品并采取行动。通过关注这些人工品，Agent 可以获得关于组织实体（小组/社交方案/规范实体）状态的以下信念：

specification(S)[artifact_name(_,A)] S 是 A 的规范（A 是一个小组、方案或组织的标识符）。

play(A,R,G) Agent A 在小组 G 中扮演角色 R。

schemes(L)[artifact_name(_,G)] 小组 G 负责列表 L 中的方案。

commitment(A,M,S) Agent A 承诺执行方案 S 中的任务 M。

groups(L)[artifact_name(_,S)] 列表 L 中的小组负责方案 S。

formationStatus(S)[artifact_name(_,A)] 方案或小组 A 的形成状态是 S（S 的可能值是 ok 和 nok）。

goalState(S, G, LC, LA, T) 方案 S 的目标 G，处于状态 T（T 的可能值是等待、启用和实现）；LC 是致力于实现目标的 Agent 列表，LA 是已经实现目标的 Agent 列表。

goalArgument(S,G,A,V) 目标 G 的参数 A 在方案 S 中取值为 V。

obligation(A,R,G,D) Agent A 有义务在 D 之前实现 G，而 R 保持不变。

permission(A,R,G,D) Agent A 被许可在 D 之前实现 G，同时 R 保持不变。

除了信念，以下事件也可以由 Agent 从组织生命周期中产生的信号中感知到：

oblCreated(O) 义务 O 被创建。

oblFulfilled(O) 义务 O 被履行。

oblUnfulfilled(O) 义务 O 无法被履行。

oblInactive(O) 义务 O 是闲置的。

normFailure(F) 在规范系统中存在着一个失败的 F。

以下动作由组织人工品提供给 Agent，以改变组织实体状态：

createGroup(Name,Type,ArtId)[artifact_name(O)] 创建一个名称为 Name 的新组，遵循用于创建组织（O）的 OS 中定义的组规格 Type。管理它的组织人工品（GroupBoard）由 ArtId 识别。

createScheme(Name,Type,ArtId)[artifact_name(O)] 按照用于创建组织（O）的 OS 中定义的方案规格 Type，创建一个名称为 Name 的新方案。管

理它的组织人工品（SchemeBoard）由 ArtId 识别。

adoptRole(R)[artifact_name(G)] 在小组 G 中采纳角色 R。

leaveRole(R)[artifact_name(G)] 小组 G 中褪去角色 R。

addScheme(S)[artifact_name(G)] 将方案 S 加入到小组 G 的责任中。

removeScheme(S)[artifact_name(G)] 将小组 G 中的方案 S 移出。

commitMission(M)[artifact_name(S)] 承诺执行方案 S 中的任务 M。

leaveMission(M)[artifact_name(S)] 在方案 S 中褪去任务 M。

resetGoal(G)[artifact_name(S)] 在方案 S 中将目标 G 设定为不满足。

setArgumentValue(G,A,V)[artifact_name(S)] 设 V 为方案 S 中目标 G 的参数 A 的值。

在有组织的智能房间中执行 Agent。正如第 8 章所述，参与组织意味着 Agent 采纳角色并致力于完成任务，以实现规范所规定的职责下的目标。

在 JaCaMo 中构建组织管理基础设施的组织人工品解释了组织规格，以便在运行时协调 Agent 的活动。一旦负责该实体的小组实体形成，JaCaMo 就开始协调执行所创建的社会方案实体（也就是说，至少需要扮演角色的最低数量的 Agent 已经采用这些角色）。在我们的例子中，由于小组实体 r1 负责社会方案实体 temp_r1，一旦 r1 是完整的，组织就会创建以下义务和许可：

```
permission(pa1, n1a, committed(pa1, mAssistant, temp_r1), _).
permission(pa2, n1a, committed(pa2, mAssistant, temp_r1), _).
permission(pa3, n1a, committed(pa3, mAssistant, temp_r1), _).

obligation(pa1, n1b,  committed(pa1, mVote, temp_r1), _).
obligation(pa2, n1b,  committed(pa3, mVote, temp_r1), _).
obligation(pa3, n1b,  committed(pa3, mVote, temp_r1), _).
obligation(rc, n2,    committed(rc, mController, temp_r1), _).
```

在对顺从的 Agent 进行编程后，personal_assistant 和 room_controller Agent 按照组织的命令行事，并将承诺其任务。承诺之后的组织实体状态如图 9.3 所示。有了这些承诺，社会方案实体也变得完善了（在这种情况下，这意味着所有 Agent 都承诺执行其任务下的相应目标）。因为它是完整的，JaCaMo 为社会方案的目标确定了新的义务[⊖]。最初，由于组织目标 preferences（偏好）没有先决条件，它被启用，

⊖ OS 文件包含明确的规范，将角色与特定应用程序的任务联系起来。除此以外，所有的应用程序中都包含了通用规范。一个通用规范是"当任务 m 的目标 g 被启用时，致力于 m 的 Agent 有义务在 ttf 之前完成 g"。

然后创建了如下三个义务：

```
obligation(pa1,goaln, done(temp_r1,preferences,pa1), "2018-9-5 8:47:57").
obligation(pa2,goaln, done(temp_r1,preferences,pa2), "2018-9-5 8:47:57").
obligation(pa3,goaln, done(temp_r1,preferences,pa3), "2018-9-5 8:47:57").
```

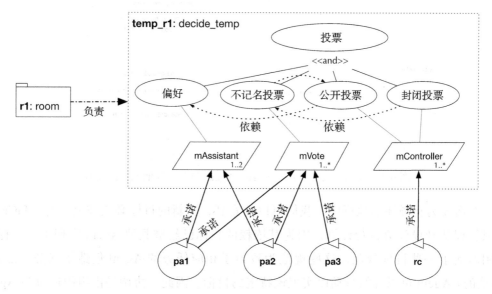

图 9.3　组织实体和社会方案实体 `temp_r1`

同样，顺从的 Agent 将执行它们的计划以实现组织目标的偏好。在我们的例子中，它们的计划包括简单地发送一个消息给 room_controller Agent，并提供用户喜欢的温度（参见 9.1 节）。当所有致力于偏好的 Agent 都实现了它们的目标（在我们的例子中是 pa1、pa2 和 pa3），组织的目标就会被认为已被组织所满足了。这个目标的实现使目标 open_voting 得以实现，然后为 room_controller Agent 创造了以下义务：

```
obligation(rc, goalNorm, done(temp_r1,open_voting,rc), _).
```

room_controller Agent 通过打开 VotingMachine 人工品中的投票过程来履行义务。这再次启用了下一个目标，创造了新的义务，并且如果得到履行，又启用了下一个目标，如此循环。图 9.4 说明了 Agent、人工品和组织之间的交互，为了简单起见，从 personal_assistant Agent 的角度来看，所有参与组织管理的组织人工品都被归入一个单独的组件。

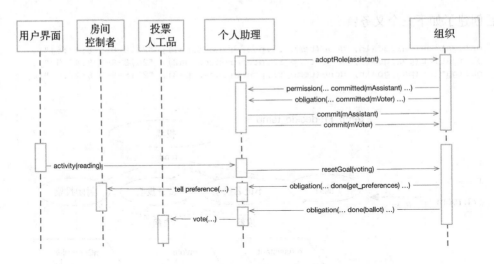

图 9.4 `personal_assistant` Agent 与系统其他元素的交互

在迄今为止描述的执行中，我们可以注意到，当新的目标必须被追求时，JaCaMo 组织管理基础设施会自行计算，因为其依赖的目标已经被其他 Agent 实现了。目标的启用激活了一些目标规范，这些规范为致力于相应任务的 Agent 创造了义务。然后，（顺从的）Agent 可以开始行动以实现该特定的目标。因此，协调是由组织通过为 Agent 发布义务来管理的。随着组织的加入，我们在 Agent 程序或人工品程序中都找不到与投票过程的协调有关的代码：Agent 只是有处理组织目标的计划。

9.2 改变组织

我们已经看到了协调的实施是如何从 Agent 转移到组织层面的。尽管这一动作需要学习一些新的概念来编写新的代码行，但我们在这一节中讨论了使用这种方法来编程协调而不是在 Agent 中对其进行硬编码。

假设我们想改变在有组织的智能房间中定义温度的方式，以便 `room_controller` Agent 收集偏好，并将目标温度设定为所要求的温度的平均值。我们可以通过以下几个步骤来实现：

1. 将之前的 OS 复制到一个名为 `smart_house_s.xml` 的新文件中，并改变社会方案的组织目标，如图 9.5 所示。

```
<goal id="voting">
    <plan operator="sequence" >
        <goal id="preferences"  ttf="5 seconds" />
```

```
            <goal id="set_average" />
        </plan>
    </goal>
```

2. 改变组织实体，使其使用新的 OS。

```
organisation smart_house_org : smart_house_s.xml
```

3. 在 room_controller Agent 程序中添加一个计划来实现新的组织目标 set_average:

```
+!set_average
  <- .findall(T,pref_temp(T)[source(_)],Options);
     .drop_desire(temperature(_));
     !!temperature( math.average(Options) ).
```

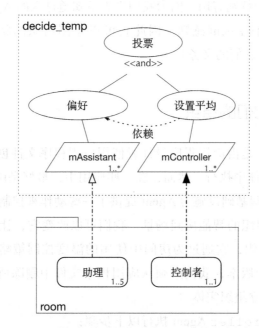

图 9.5　组织规格将目标温度设置为平均首选项

这个计划检索由 Agent 告知的所有温度偏好，然后创建一个新的意图，目标是将目标温度设置为所有偏好温度的平均值（!!temperature(...)）；在这样做之前，必须放弃任何目前正在进行的设置目标温度的尝试。

这些变化是所有需要的，这意味着投票人工品或参与的 Agent 程序中没有变化。此外，我们只需选择以前的 OS，就可以回到投票过程中。在这种情况下，实现目标 set_average 的计划就不会被触发了。按照同样的方法，不同的组织可以使用相同的程序为 Agent 和人工品创建不同的温度选择方案。

我们现在可以强调这种方法的一些优点：

❑ Agent 之间不需要为协调目的交换信息。组织管理基础设施通过解释和管理组织实体的生命周期来作为协调的中介。

❑ 组织目标的顺序不在 Agent 中实现，而是由组织来执行。它们有实现组织目标的计划，这就是它们需要的全部。要改变目标的实现顺序，我们只需改变社会方案规格。不需要改变任何 Agent 代码。

❑ 如果需要增加更多的 personal_assistant Agent，我们可以简单地指定它们扮演助理的角色，然后它们可以参与投票过程，只要它们有实现相应组织目标的计划。扮演这个角色是一个必要条件，而参与的权利也伴随着一些职责。这在开放系统中特别有用，因为我们事先不知道进入的 Agent 的行为。

❑ 组织可以被任何 Agent 感知，因此它可以监测组织的状态（例如，发现哪些 Agent 没有履行它们的义务）。

9.3 Agent 部署它们的组织

在上一节中，组织是由应用程序设计者使用应用程序文件创建的。然后，创建的 Agent 在产生的组织实体中执行。然而，在一些应用中，最好是由 Agent 自己创建组织实体。JaCaMo 组织管理基础设施为 Agent 提供了一些动作来控制它们的组织。

考虑到同样的有组织的智能房间场景，我们可以改变它，让 room_controller Agent 为其房间创建组织，它通过为房间中使用的温度控制策略选择最佳的组织规格来实现。为了实现这个版本，我们必须从应用程序文件中删除所有的组织代码，并在 Agent 中添加计划来建立组织实体。

新的 room_controller Agent 执行以下步骤：

1. 创建组织实体，将在其中部署小组和社会方案实体（第 6～14 行）。

2. 创建一个小组实体（第 15、16 行，基于 smart_house.xml 文件中定义的规范房间）。

3. 在这个组中采用角色控制者（第 19 行）。

4. 向参与者宣布房间小组的存在，以便它们可以加入（第 22 行）。

5. 等待参与者采用它们的角色（第 25 行）。

6. 创建社会方案实体（第 28 行，基于 smart_house.xml 中定义的规范 decide_temp）。

7. 设置小组实体来负责这个社会方案实体 (第 29 行)。

在 `room_controller` **Agent** 中实现这些步骤的代码如下:

```
3    !create_org. // 初始目标
4
5    +!create_org
6       <- createWorkspace(shouseo);
7          joinWorkspace(shouseo, WspId);
8
9          // 创建组织实体
10         makeArtifact(shouseo,
11             "ora4mas.nopl.OrgBoard",
12             ["src/org/smart_house.xml"],
13             OrgArtId)[wid(WspId)];
14         focus(OrgArtId)[wid(WspId)];
15         createGroup(r1, room, GrArtId)[artifact_id(OrgArtId)];
16         focus(GrArtId)[wid(WspId)];
17
18         // 在组中采用角色控制者
19         adoptRole(controller)[artifact_id(GrArtId)];
20
21         // 向其他人宣布新的小组，这样它们就可以加入了
22         .broadcast(tell,new_gr(shouseo,r1));
23
24         // 等待组被构建好
25         .wait(formationStatus(ok)[artifact_id(GrArtId)]);
26
27         // 创建方案
28         createScheme(temp_r1, decide_temp, SchArtId)[artifact_id(OrgArtId)];
29         addScheme(temp_r1)[artifact_id(GrArtId)];
30         focus(SchArtId)[wid(WspId)];
31       .
```

在 `personal_assistant` **Agent** 方面，当它们意识到一个新的小组被创建时，它们在其中采用 assistant (助理) 角色。下面的代码实现了这个行为:

```
1    +new_gr(Workspace,GroupName)
2       <- joinWorkspace(Workspace,WspId);
3          lookupArtifact(GroupName,GrArtId)[wid(WspId)];
4          adoptRole(assistant)[artifact_id(GrArtId)];
5          focus(GrArtId)[wid(WspId)];
6       .
```

因为这段代码创建的组织与上一节相同，所以不需要改变其他内容，应用程序将像以前一样运行。然而，随着组织的动态创建，我们可以为我们的有组织的智能房间应用程序编程更好的解决方案。例如，**Agent** 可以利用这一特性，在每次应该选择新的目标温度时实例化一个新的方案实体 (而不是使用 `resetGoal`)。为了实现这个新的解决方案，我们必须删除 `room_controller` **Agent** 的第 24~30 行，因为社会方案实体将按需创建，并在 `personal_assistant` **Agent** 的代码中添加以下几行:

```
8    +activity(A) : A \== "none"
9       <- .print("New user activity ",A);
```

```
10              // 得到一些人工品 id
11              ?focused(shouseo,r1,GrBoardId);
12              ?joined(shouseo,WspId);
13
14              // 计算一个新的方案 id
15              ?schemes(L);  //L 为组方案的列表
16              .concat("sch_", .length(L)+1, Name);
17
18              // 创建新的方案
19              createScheme(Name, decide_temp, SchArtId)
20                         [wid(WspId),artifact_name(shouseo)];
21              addScheme(Name)[artifact_id(GrBoardId)];
22              focus(SchArtId)[wid(WspId)];
23        .
```

我们在阅读 Agent 的新代码时，可以看到一些人工品操作，如 makeArtifact 和 focus，被用来创建和管理组织实体。Agent 通过在环境中执行的人工品来访问它们的组织实体——组织的管理是通过组织人工品在环境中的工具化。room_controller 人工品 Agent 创建的第一个人工品（见第 10 行）是 OrgBoard。这个人工品管理着一个组织实体，并且有创建和破坏小组和社会方案实体的操作（如第 15 行和第 28 行中使用的）。当一个小组实体被创建时，GroupBoard 人工品的一个实例被创建用于对它进行管理。这个人工品具有与小组实体的管理有关的可观察的属性（如 play/3）和操作（如 adoptRole/1）。同样地，当一个社会方案实体被创建时，SchemeBoard 人工品的一个实例会被创建。

9.4 Agent 对其组织的推理

将组织规格和状态提供给 Agent，并给予它们改变组织的动作，使我们能够对 Agent 进行编程，使其为自己的目标从组织中受益。我们通过改变 personal_assistant Agent 的代码来说明这些特征，这样它们只有在以下情况下才会采用一个角色：（1）它们对该角色的所有潜在目标都有计划。（2）该角色的玩家数量小于最小值。

我们通过导入 JaCaMo 中可用的一些一般推理规则（称为类似 prolog 的规则）来开始新的程序。它们使用组织信念 specification/1 中提供的组织规格。例如，有组织的智能房间例子的 OS 由 Agent 表示为：

```
specification(
 os(room_org,
  group_specification( room,
   [role(controller,[],[soc],1,1,[],[]),
    role(assistant, [],[soc],1,5,[],[])],
```

```
          [],
          properties([])),

          [scheme_specification(decide_temp,
            goal(voting,performance,"",0,"infinity",[],
              plan(sequence,[
                goal(preferences,performance,"",all,"5 seconds",[],noplan),
                goal(open_voting,performance,"",all,"infinity",[],noplan),
                goal(ballot,performance,"",all,"10 seconds",
                            [voting_machine_id],noplan),
                goal(close_voting,performance,"",all,"infinity",[],noplan)
              ])),
                [mission(mVote,1,2147483647,[ballot],[]),
                 mission(mController,1,2147483647,
                                          [open_voting,close_voting],[]),
                 mission(mAssistant,1,2147483647,[preferences],[])
                ],
                properties([]))
          ],

          [norm(n2,controller,obligation,decide_temp.mController),
           norm(n1b,assistant,obligation,decide_temp.mVote),
           norm(n1a,assistant,permission,decide_temp.mAssistant)
          ]
        ))
```

推理规则允许我们在这个复杂的表示上对以下谓词进行查询：

❑ `role_mission(R,S,M)` 当 OS 中存在一个规范，迫使或允许角色 R 在方案 S 中承诺任务 M 时，则为 True。

❑ `role_cardinality(R,Min,Max)` 当角色 R 的基数在 Min 和 Max 之间时为 True。

❑ `mission_goal(M,G)` 当目标 G 属于任务 M 时为 True。

在这些谓词的基础上，我们为应用添加了以下规则：

❑ `role_goal(R,G)` 当角色 R 有义务 / 被允许实现目标 G 时为 True。

❑ `has_plans_for(G)` 当 Agent 有一个实现目标 G 的个人计划时，为 True。

❑ `i_have_plans_for(R)` 当 Agent 有与角色 R 相关的所有目标的计划时为 True。

❑ `has_enough_players_for(R)` 当玩 R 的 Agent 数量大于或等于 R 的最小基数时为 True。

这些谓词的规则编程如下：

```
1  { include("$moiseJar/asl/org-rules.asl") }
2
3  role_goal(R,G) :-
4    role_mission(R,_,M) &
```

```
5        mission_goal(M,G).
6
7   has_plans_for(G) :-
8        .relevant_plans({+!G},LP) & LP \== [].
9
10  i_have_plans_for(R) :-
11       not (role_goal(R,G) & not has_plans_for(G)).
12
13  has_enough_players_for(R) :-
14       role_cardinality(R,Min,Max) &
15       .count(play(_,R,_),NP) &
16       NP >= Min.
```

第 8 行中使用的内部动作 `.relevant_plans/2` 在第二个参数中返回一个计划的列表，这些计划的触发事件与第一个参数的值相匹配（即，与之统一）。第 15 行中使用的内部动作 `.count/2` 在第二个参数中返回作为第一参数的查询的答案数量。

鉴于这些谓词，我们可以重新实现 `personal_assistant` Agent 的角色采用，如下：

```
18  +new_gr(OrgName,GroupName)
19     <-   // 等待一会
20          // 这样助理就不会执行这个计划了
21          .wait( math.random(2000) );
22
23          // 关注 OrgBoard 以获得它的规范
24          joinWorkspace(OrgName,WspId);
25          lookupArtifact(OrgName,OrgArtId)[wid(WspId)];
26          focus(OrgArtId)[wid(WspId)];
27
28          // 关注 GrBoard 以获得扮演者
29          lookupArtifact(GroupName,GrArtId)[wid(WspId)];
30          focus(GrArtId)[wid(WspId)];
31
32          if (i_have_plans_for(assistant)) {
33            if (not has_enough_players_for(assistant)) {
34              adoptRole(assistant)[artifact_id(GrArtId)];
35            } else {
36              .print("There are enough assistants already!");
37            }
38          } else {
39            .print("I do not have plans for role assistant!");
40            .findall(G,
41                role_goal(assistant,G) & not has_plans_for(G),
42                LG);
43            .print("No plans for ", LG);
44          }
45          .
```

由于这些推理规则，我们已经展示了如何对不盲目参与组织实体的 Agent 进行编程。一个 Agent 只有在能够履行其职责的情况下才会参与，同时考虑到当前已经扮演它打算采用的角色的 Agent 的数量。我们还可以注意到，由于助理的最小基数等于 1，

只有一个 `personal_assistant` Agent 能够采用助理角色并参与室温决定。设计者可以通过修改 OS 中的角色基数来轻松改变组织的这种行为。

9.5　我们学到了什么

在这一章中，我们学习了如何利用组织将 Agent 集塑造成小组和角色（结构），指定组织目标的协调实现（功能），并通过规范将其分配给系统中的 Agent，告诉 Agent 它们的义务和许可是什么。通过使用规范将目标分配给角色，我们提供了一种从 Agent 中抽象出来的方法，并独立于运行时的特定 Agent 来定义系统的功能。我们已经证明，通过改变和调整组织规格来改变和调整 MAS 的功能是多么容易。

一旦 Agent 开始发挥作用，组织实体就会产生，从而在 Agent 的角色和参与小组的背景下，为它们带来强制性和允许性的目标。JaCaMo 组织管理基础设施负责监测 Agent 对组织规定的解释和执行，负责协调执行不同的社会计划，构建组织目标，由参与组织的不同 Agent 实现。

鉴于向 Agent 提供的组织规格和组织实体的明确表示，Agent 可以进行推理，并对它们在组织中的动作做出决定（例如，采用一个角色或承诺一个任务），为处理开放和分散的系统的整体复杂性提供机会。

9.6　练习

练习 9.1　创建一个新的 `room_controller` Agent 实例，试图进入一个已经有一个 Agent 扮演 controller（控制者）角色的房间组。解释一下执行情况，然后改变当前的实现，允许在组织实体中有两个控制者。

练习 9.2　将 controller（控制者）角色的基数改为 < 0, 1 >，并描述后果。

练习 9.3　将实现目标 `ballot` 的 `personal_assistant` Agent 计划修改如下：

　　a）`+!ballot  <- .wait(300).`

　　b）`+!ballot  <- vote([10]); !ballot.`

该系统能正常工作吗？为什么？

练习 9.4　在 `room_controller` Agent 中实现一个计划，打印出所有已履行的义务。提示：考虑组织事件 `oblFulfilled/1`。

练习 9.5　设计并实现一个管理房间温度的新策略：每十分钟，扮演控制者角色的 Agent 必须询问扮演助理角色的 Agent 的喜好，并在此基础上设置新的温度。

练习 9.6　为个人助理 Agent 实施一个计划，对组织目标 close_voting 的实现做出反应，打印出当前的温度。

　　提示：考虑组织信念 goalState/5。

练习 9.7　实现一个规则 goal_role(G,R):-..., 可以用来推断出致力于某个目标 G 的 Agent 的角色 R。

练习 9.8　实现一个 personal_assistant Agent，当被问及它喜欢的温度时，按以下算法的定义回答：

```
A = set of roles of agents committed to the goal 'ballot'
B = set of all agents playing some role in A
C = set of my roles
for a in B:
    if agent a plays any role in C:
        ask agent a for its preferred temperature
        return agent a preference
return 25
```

练习 9.9　重新审视第 7 章案例研究的分布式版本，使其使用本章定义的组织结构。

第 10 章

与其他技术的集成

在处理现实生活中的系统工程时，我们常常面临着一个重要的实际问题，那就是如何使用 MAOP 和其相关技术 JaCaMo，这种技术可以在基于其他范例的基础上与现有库和技术相集成。为了解决这个问题，我们除了要构建技术上的桥梁，更应该从概念化的角度去理解集成。集成可以分为两个方向：在 MAS 程序中嵌入一些现有技术，比如库或者框架，或在一些现有平台中集成 MAS 程序。在本章中我们将讨论这些内容，首先针对被集成的特定技术提供相关建议和指导，并分析一些在特定应用领域的一些案例。

10.1 库、框架与平台

在使用 JaCaMo 等技术支持的 MAOP 方法时，通常采用两种方法集成现有的库和框架，然后通过主流编程语言来实现。

❑ Agent 扩展。通过 Agent 扩展的方法，实现定制体系结构或内部的操作集合来包含要集成的技术，从而实现集成。

❑ 人工品嵌入。这种集成方式是通过设计和实现封装待集成技术的新人工品来实现的。

从概念的角度来看，第一种方法意味着 Agent 可以将待集成技术作为其新的功能进行开发。第二种方法则是将待集成技术作为当前环境的资源 / 工具的一部分进行利用和交互，并且可与其他 Agent 进行共享。

根据要集成的技术类型，使用第一种或另一种方法都可能获得更好的效果。库的情况是最简单的，因为它涉及一些模块提供的某种功能，暴露了某种接口或 API，没有引入任何并发 / 控制问题。一个例子是一个用于有效管理 JSON 数据对象的库。而针对框架的集成会更复杂一些。一般来说，软件框架是一种可重复使用的软件环境，旨在通过可由用户编写的额外代码[一]实现的通用功能来促进软件应用程序的开发。这样的例子包括用于开发基于 GUI 的应用程序的框架（例如 JavaFX）[二]和开发移动应用程序的成熟框架（如 Android）[三]。与简单的库不同，软件框架通常还引入了某种控制架构，以此来定义应用程序的执行方式。有时软件框架也被称为应用平台，因为它们提供了一种核心技术使得软件开发者可以在此基础上为某些特定平台构建程序。

接下来，我们针对每种情况举一个具体的案例。所有例子的完整源代码可在本书配套网站中找到。

集成库

库可以通过 Agent 的内部操作或人工品的形式轻松集成。我们的选择方案可能取决于库所能提供的功能类型。

当所需功能是关于 Agent 扩展的无状态函数时，将库集成为 Agent 的内部动作非常简单。例如，假设我们需要我们的 Agent 与 JSON 数据结构一起工作，那么就可以利用现有的基于 Java 的库，例如 `javax.json`。[四]为此，我们可以引入一个 Jason Agent 库，以此来收集一系列的内部动作。通过 Jason API[五]，这个库可以被打包成一个 Java 包，即 `json_tools`，包括为每个要添加的新动作提供一个类。例如，可以提供一个新的内部动作 `json_to_list`，将 JSON 数据解析成 Jason 列表：

```
package json_tools;

public class json_to_list extends DefaultInternalAction {
    public Object execute(TransitionSystem ts,
                Unifier un, Term[] args) throws Exception {
        ... // 实现内部动作的代码
```

[一] https://en.wikipedia.org/wiki/Software_framework。

[二] https://openjfx.io。

[三] https://developer.android.com。

[四] 基于 JSON 处理 API JSON-P (JSR-353)。

[五] 关于这个 API 的更多信息可以在 Jason 网站 http://jason.sourceforge.net 和 Bordini 等人（2007）的论文中找到。

```
    }
  }
```

下面是在 Agent 端的一个使用实例：

```
test_json <-
   json_tools.json_to_list(
      "{ \"name\": \"Sofia\", \"age\": 11 }",
      L);
   .println(L). // the list L is [ name("Sofia"), age(11) ]
```

当被集成的库可以被多个 Agent（可能是有状态的）或进行长时间高强度计算的工具共享和并发使用时，使用人工品嵌入的方法更加方便。举个例子，假设我们需要 Agent 具有计算快速傅里叶变换的能力[⊖]，也就是将信号从原来的域（时间域或空间域）转换为在频域内的表示。我们可以利用现有的库高效地实现该算法[⊖]，虽然这样的计算代价很大。这个库可以是基于 Java 或 JVM 的语言，甚至可以基于其他语言，并通过 Java 外来函数接口（Foreign-Function-Interface，FFI）对应的 API 将其整合起来。

在下面的这个例子中，该库可以被打包为 FFTCalculator 人工品，提供进行上述转换的操作，其结果可以作为转换（transform）操作的动作反馈或作为人工品可观测的一个属性。

```
public class FFTCalculator extends Artifact {
  private FastFourierTransformer trf;

  void init(){
    trf = new FastFourierTransformer(DftNormalization.STANDARD);
  }

  @OPERATION
  void fftTransform(double[] f, OpFeedbackParam<Complex[]> r) {
    Complex[] res = trf.transform(f,TransformType.FORWARD);
    r.set(res);
  }

  //aux 函数用于管理数据结构

  @OPERATION
  void getReal(Complex[] data, OpFeedbackParam<Double[]> r) {
    ... }

  @OPERATION
  void getComplex(Complex[] data, OpFeedbackParam<Double[]> r){
    ... }
}
```

⊖ https://en.wikipedia.org/wiki/Fast_Fourier_transform。

⊖ 一个也包括 FFT 的开源库的例子是 Apache Commons Mathematics 库（https://commons.apache.org/proper/commons-math/）。

在下面的例子中，一个 Agent 创建了一个 FFTCalculator，并使用它来计算快速傅里叶变换的结果，输入包含一个 double 类型的数组，并在控制台打印结果，结果包含一个复数列表（通过 Complex 类表示）。

```
1   +!test_fft
2   <- makeArtifact("calc","maop_ch10.FFTCalculator",[]);
3      cartago.new_array("double[]",[5.0, -2.0, 1.0, 2.0], Data);
4      fftTransform(Data, Res);
5      !print_result(Res). // printing: ( 6 )( 4 + 4i )( 6 )( 4-4i )
6
7   +!print_result([]).
8   +!print_result([V|T]) <-
9         cartago.invoke_obj(V,getReal,Re);
10        cartago.invoke_obj(V,getImaginary,Im);
11        !print_complex(Re,Im);
12        !print_result(T).
13
14  +!print_complex(Re,0) <- print("( ", Re, " )").
15  +!print_complex(0,Im) <- print("( ", Im, "j )").
16  +!print_complex(Re,Im) : Im < 0 <- print("( ",Re," - ",-Im,"i )").
17  +!print_complex(Re,Im) <- print("( ", Re, " + ",Im, "i )").
```

这个例子对于讨论另一个在开发和使用人工品时频繁遇到的问题是很有用的，那就是需要在 Jason 的对象中创建和操作 Java 对象。例如，在 FFTCalculator 中，fftTransform 需要一个 double 类型的数组作为第一参数，并返回一个 Complex 对象的复数列表作为输出参数。为此，JaCaMo 提供了一套打包在 cartago 库中的内部动作⊖，我们称之为 **JavaLibrary**，它使实例化包含数组（cartago.new_array，例子代码中第 3 行）的 Java 对象成为可能（cartago.new_obj），并在该对象上调用方法（cartago.invoke_obj）。在这个例子中，getReal（第 9 行）和 getImaginary（第 10 行）负责对 Complex 对象进行调用。关于 **JavaLibrary** 的详细信息可以在 JaCaMo 文档中找到。

Agent 内部动作与人工品动作

从技术角度来看，在使用 Agent 内部动作或人工品时，代码的执行方式有着很大不同。在使用 Agent 内部动作时，代码直接由推理周期的控制线程以同步的方式执行。而在使用人工品时，代码被封装成操作，由代码运行时的控制线程异步执行。

因此，一方面使用 Agent 内部动作的性能更好，因为其没有上下文切换所造成的开销，而且其计算成本等同于简单的（方法）调用。另一方面，从计算的角度来

⊖ 创建和操作 Java 对象的内部动作是 CArtAgO 框架的一部分。

看，具有高强度 / 长时间的计算功能不应该作为 Agent 内部动作来实现，因为这将影响推理周期的执行，从而影响 Agent 对触发事件的反应速度。在这种情况下，最好使用人工品，将计算的负载转交给它们。

集成库和自身的线程

更复杂的库可以利用异步编程向外界提供它们的一些功能，这通常需要使用一些控制线程来实现。在第 6 章中介绍的人工品 API beginExtSession 和 endExtSession 使得这种外部线程可以安全地改变人工品的状态，这其中包括改变可观察的属性和生成信号，以此来模拟异步事件。

举个例子，我们可以参考 RabbitMQ[一]，它是一个著名的面向消息的中间件（MOM）以及消息 Agent。为了利用该中间件，有多种编程语言的客户端库可以使用。客户端库的基础功能是允许发送和接收消息，如果想要利用中间件，则应该将其安装在使用 MOM 的每台主机上。

在这种情况下，我们可以定义一个 RMQChannel 人工品，用来提供发送消息的操作和可感知的发送到通道的消息状态。

```java
public class RMQChannel extends Artifact {

  private Channel channel;
  private String queueName;

  void init(String name, String host){
    ConnectionFactory factory = new ConnectionFactory();
    factory.setHost(host);
    Connection connection = factory.newConnection();
    channel = connection.createChannel();
    channel.queueDeclare(name, false, false, false, null);
    this.queueName = name;

    /* 可观测状态 */
    defineObsProperty("lastMsg","");

    /* 使用消息回调 */
    channel.basicConsume(queueName, true,
      (consumerTag, delivery) -> {
        String message = new String(delivery.getBody(), "UTF-8");
        beginExtSession();
        getObsProperty("lastMsg").updateValue(msg);
        endExtSession();
      }, consumerTag -> {});
```

```
25      }
26
27      @OPERATION void send(String msg) {
28          channel.basicPublish("", name, null, msg.getBytes());
29      }
30  }
```

特别的是，一个可观察的属性 lastMsg 被用来观察发送到通道的消息流。

在实现中关键的一点是如何管理回调和控制倒置，这在框架中很常见。在 RabbitMQ 库中，必须注册一个回调用来处理消息（上例代码第 18～24 行），每当有消息可用时，它就被库 / 框架的内部线程调用。为了更新可观察的属性，要求一个外部会话安全地作用于人工品，因为执行代码的线程不是环境线程而是库线程。

集成框架

回调的管理和与外部线程的交互在集成框架 / 平台中经常出现，它们可能会强制执行应用程序的全部控制架构。而人工品的出现使得框架提供的特定执行逻辑与 MAS 执行之间有了明确的区别。

举一个例子，我们可以参考和集成 JavaFX，它是一个基于 Java 语言编写的开源客户端应用平台，被应用于桌面、移动和嵌入式系统[⊖]。JavaFX 为了构建基于 GUI 的应用程序提供了一个框架。该框架和其他几乎所有的 GUI 工具包一样，都基于事件架构和异步编程模型，并利用单线程来执行与 GUI 有关的每一个计算操作。

在这种情况下，我们可以引入一个人工品 MainWindowArtifact 来代表主应用程序窗口：

```
class MainWindowArtifact extends Artifact {

    public void init() {
        defineObsProperty("button","not_pressed");
        /* 启动 JavaFX*/
        initJFX(this);
    }

    private void initJFX(MainWindowArtifact art) {
        new Thread(() -> {
            new MainWindow().initJFX(art);
        }).start();
    }

    /* 由 JFX 线程调用 */

    void notifyButtonPressed() {
```

⊖ https://openjfx.io/。

```
          getObsProperty("button").updateValue("pressed");
      }

      void notifyButtonReleased() {
          getObsProperty("button").updateValue("released");
      }
  }
```

一方面，这个人工品为 Agent 提供了一个高级接口，以便与主窗口一起工作。在这个简单的例子中，主窗口有一个可以被用户按下的单一按钮。一个可观察的属性按钮（button）被用来跟踪并使 Agent 观察到按钮的状态（如"按下"或"未按下"）。另一方面，该人工品可为 JavaFX 子系统起到桥梁作用，并负责实现（并隐藏MAS）使框架工作的机制。值得注意的是，一个 MainWindow 类被用来扩展 JavaFX Application 类，通过在其中嵌入代码来设置 GUI。

```
1   public class MainWindow extends Application {
2
3       public void start(Stage stage) throws Exception {
4           stage.setTitle("Hello World!");
5           Button btn = new Button("Say 'Hello World'");
6
7           btn.pressedProperty()
8               .addListener((observable, wasPressed, pressed) -> {
9                   try {
10                      art.beginExtSession();
11                      if (pressed) {
12                          art.notifyButtonPressed();
13                      } else {
14                          art.notifyButtonReleased();
15                      }
16                  } finally {
17                      art.endExtSession();
18                  }
19              });
20
21          StackPane root = new StackPane();
22          root.getChildren().add(btn);
23          stage.setScene(new Scene(root, 300, 250));
24          stage.show();
25      }
26
27      public void initJFX(MainWindowArtifact art) {
28          MainWindow.art = art;
29          launch(new String[] {});
30      }
31
32      static private MainWindowArtifact art;
33  }
```

和之前的例子一样，上述代码通过管理一个回调（第 8～19 行）来处理按钮按下 / 释放的事件，其外部接口 API 被用来更新人工品的可观察状态。下面是一个使用人工品的 Agent 片段，对按下的按钮事件做出反应：

```
!test.

+!test
   <-  makeArtifact("mainWindow","maop_ch10.MainWindowArtifact",[],Id)
       focus(Id);
       println("ready.").

+button("pressed")
   <- println("Hello!").
```

这里的关键点是，针对 Agent 的编程没有暴露在低层次的框架 / 平台机制中，GUI 事件是在 Agent 的抽象层次上表示的。

在平台中集成 MAS

在某些情况下，一个软件框架定义了自身的应用结构，在这种情况下该软件框架通常被称为软件应用平台。它可以将 MAS 集成为平台的一个组件，或者在不同的进程上执行 MAS，并在平台内实现组件，这些组件利用一些进程间通信（IPC）机制（如套接字）充当桥梁。

在上述情况下，为了将 MAS 直接整合为基于 Java 平台的一个组成部分，可以使用 JaCaMo 的 API `jacamo.infra.JaCaMoLauncher` 以编程方式生成 MAS。下面是一个简单的例子：

```
public class LaunchMAS {
    public static void main (String args[]) throws Exception {
        jacamo.infra.JaCaMoLauncher.main(
                    new String[]{ "test-mas.jcm" });
    }
}
```

这对于从任何 Java（或基于 JVM 的）程序中生成一个 MAS 来说，更有意义。在下一节我们将讨论这种情况，在移动应用程序开发领域中，JaCaMo 已经实现与 Android 框架集成。

在另外一种情况下，边界人工品可以被用来实现系统之间的桥梁，并通过嵌入 / 隐藏使用进程间通信的机制和协议来与外部平台进行交互。

使用环境接口标准进行集成

在 5.4 节中提到的环境接口标准（EIS）框架（Behrens，2011）对此提供了有效的支持，该框架通过将用不同的 Agent 编程语言（包括 Jason）编写的 Agent 和 MAS 连接到游戏、模拟器、机器人等环境。正如 EIS 文档（https://github.com/

eishub）中提到的，EIS 提供了胶水代码，用于发展 Agent 平台和环境之间的连接。任何支持 EIS 接口的 Agent 平台都可以连接到实现该接口的环境上。特别是在 Agent 方面，EIS 框架提供了一个 API 来开发与环境中可控实体的连接，一旦 Agent 平台支持 EIS 接口，它就可以连接到任何实现该接口的环境上。在环境方面，它使得在开发中允许 Agent 平台连接到该环境上的代码成为可能，而不需要考虑具体的 Agent 平台；一旦为一个环境实现了该接口，任何支持 EIS 的 Agent 平台都可以连接到它。

10.2　主流应用领域和技术

正如上文所述，将 MAS 与现有技术集成是工程实际应用中的常见需求。这种情况下的集成是一个有利因素，可以探索 Agent 和 MAS 范式的应用——除了技术之外——还可以探索著名的应用领域，并利用 Agent（和 MAS）的抽象水平的力量。在本节中，我们将讨论一些著名的应用领域中的例子。

移动和可穿戴应用

Agent 技术和 MAOP 的一个主要应用场景是个人助理，即在某些任务环境或背景下协助并与人类用户合作的软件（Maes，1994）。文献中关于个人助理的例子包括从安排联合活动（Modi 等人，2005；Wagner 等人，2004）到监测和提醒用户的关键时间点（Chalupsky 等人，2001；Tambe，2008），搜索和分享信息，以及协助谈判决策支持（Li 等人，2006）。个人助理可以被设计用于任何一种基于计算机的工作环境，例如办公环境和台式机。然而，一个主要的案例是由移动和可穿戴计算提供的，其中个人助理是为了在移动设备上运行，如智能手机，甚至是可穿戴设备，如智能眼镜。

诸如 JaCaMo 这样的 MAOP 技术可以与开发移动应用的框架相整合，以开发个人助理技术，更广泛地说，基于 Agent 的应用作为移动应用。提供这种整合技术的一个具体例子是 JaCa-Android，它是 JaCaMo 的扩展 / 专门化，可以在安卓设备上开发和运行程序[⊖]。

一般来说，JaCa-Android 不仅仅是简单地移植，而是提供一个概念和实际的蓝图，以设计和开发一个基于 Agent 的系统的移动应用。从架构的角度来看，在一个粗粒度

⊖　http://developer.android.com。

的层面上，一个 Android 应用是由活动组成的，活动作为与用户交互的入口的应用组件，代表了一个具有用户界面的单一屏幕——以及服务——作为通用的入口，为各种原因保持一个应用在后台运行。然而 OOP 被用作底层编程范式（使用 Java、Kotlin 或 C++ 等语言），控制架构是由事件驱动的。一次只有一个活跃的活动——前台活动——由一个实现事件循环的单线程执行。应用逻辑被分割成回调、异步任务和基于 Java 的线程，以用于长期工作。

通过使用 JaCa-Android，一个 Android 应用被设计成一个 MAS，就像任何 JaCaMo 程序一样，其中 Agent 被用来封装应用程序的控制逻辑。图 10.1 显示了 JaCaMo 移动应用程序的架构层次，提供了一个特定的人工品库，包装了移动 / 可穿戴计算环境提供的基本功能和服务。其中包括：

❏ 实现活动的人工品，特别是只对用户界面（UI）进行建模，而不是控制部分，控制部分被存储在观察 / 使用这些活动的 Agent 中。

❏ 代表设备传感器和执行器的人工品，以及获取用户环境（如位置）信息的服务。例子包括 BatteryService、GPSService 和 SMSService。

❏ 触发并与设备上的其他活动和应用程序交互的人工品。

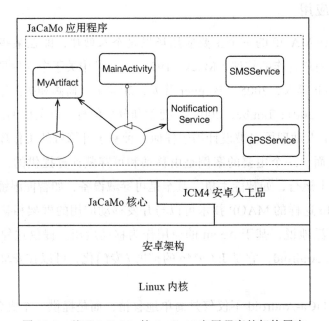

图 10.1　基于 JaCaMo 的 Android 应用程序的架构层次

图 10.2 显示了一个 Agent 的简单例子，当收到特定发件人发送的 SMS 时，会显示

一个通知。这个 Agent 利用了 JaCa-Android 平台提供的几个人工品，即 SMSService——用来管理 SMS，以及 NotificationService——用来在状态栏上显示通知。人工品 SMSService 在每次有新的 SMS 到达时都会生成一个 sms_received。当一个新的 SMS 从 Agent 必须跟踪的发件人那里送达时，如果应用程序在前台，Agent 会在应用程序的主要活动上显示信息内容。如果应用程序不在前台，则信息会在状态栏上显示。主活动由 MainActivity 人工品表示（见图 10.3），扩展了基类 ActivityArtifact，它是 JaCa-Android API 的一部分。在这个人工品中，根据主活动（即应用程序）的状态（在前台或不在前台），viewer_state 可观察的属性被设置为 displayed 或 not_displayed。相反，showNotification 是一个由 NotificationService 提供的操作。

```
!warn_about_sms_from("999999").

+!warn_about_sms_from(Src) <-
  +source_to_track(Src);
  !setup.

+sms_received(Src, Msg) : source_to_track(Src)
  <-  !notify_sms(Src, Msg).

+!notify_sms(Src, Msg) : viewer_state("displayed")
  <-  displayNewSMS(Src, Msg).

+!notify_sms(Src, Msg) : viewer_state("not_displayed")
  <-  showNotification(Src, Msg).

+!setup <-
  makeArtifact("sms-receiver", "jaca.android.SMSService", [], SMSid);
  focus(SMSid);
  makeArtifact("notificator", "jaca.android.NotificationService", []);
  lookupArtifact("mainActivity", IdViewer);
  focus(IdViewer).
```

图 10.2　一个 Agent 在 JaCa-Android 上跟踪 SMS 消息

与安卓框架相比，JaCa-Android 提供了一个上层抽象，旨在简化个人助理的开发，作为利用人工品来观察和与用户及其环境交互的 Jason Agent。Croatti 等人（2018）讨论了医疗保健背景下的一个现实世界的例子，其中个人 Agent 被用来协助创伤团队的医护人员在创伤抢救期间进行精确跟踪。

```
public class MainActivity extends ActivityArtifact {
  void init() {
    defineObsProperty("viewer_state", "not_displayed");
  }
  @OPERATION
  void displayNewSMS(String source, String msg){
    Viewer mViewer = (Viewer) getActivity("viewer");
    mViewer.append(source, msg);
  }
  @INTERNAL_OPERATION
  void onStart(){
    ObservableProperty o = getObsProperty("viewer_state");
    o.updateValue("displayed");
  }
  @INTERNAL_OPERATION
  void onStop(){
    ObservableProperty o = getObsProperty("viewer_state");
    o.updateValue("not_displayed");
  }
}
```

图 10.3   Agent 与用户交互时使用的人工品

Web 技术

Agent 与 Web 技术的集成有助于在设计和开发基于智能服务体系结构的系统（Huhns 和 Singh，2005）时充分利用 Agent 和 MAS，并且有利于应用 Web 标准协议来增强基于 Agent 的应用程序的互操作性。

事实上，上述集成可以在 Web 技术栈的不同级别上进行，这其中就包括语义级别。在下文中，我们只考虑最底层的支撑级别。在这一层面上有两种主体：

❑ 客户端——使 Agent 能够利用现有的基于网络的服务和应用。

❑ 服务器 / 服务端——利用 Agent 来实现基于网络的服务和应用。

客户端。在基本层面上，要给 Agent 配备行动，使其有可能使用网络标准技术来执行请求。在一个基于 MAOP 的方法中，一个直接的方法是设计一个适当的边界人工品，将这些动作作为操作来实现。人工品可以发挥双重功能：

❑ 封装和隐藏 Web 技术的具体实现细节，包括与调用语义有关的方面。

❑ 桥接所交换的数据的表示，以便使其在 Agent 方更合适。

下面的例子使用 REST 形式实现了一个与网络资源 / 服务互动的人工品：

```
public class WebResource extends Artifact {

  private CloseableHttpClient client;
```

```
void init() throws Exception {
  // 为 HTTP(S) 创建工厂和连接管理器
  SSLConnectionSocketFactory sslsf = ...
  BasicHttpClientConnectionManager connectionManager = ...
  // 创建客户端对象
  client = HttpClients.custom()
    .setSSLSocketFactory(sslsf)
    .setConnectionManager(connectionManager).build();
}

@OPERATION
void get(String uri, OpFeedbackParam<String> res){
  HttpGet req = new HttpGet(uri);
  CloseableHttpResponse response = null;
  try {
    response = client.execute(req);
    if (response.getStatusLine().getStatusCode() >= 300) {
      failed("error");
    } else {
      res.set(extractResponse(response.getEntity()));
    }
  } catch (Exception ex) { ...  }
  } finally { ... }
}

@OPERATION
void post(String uri, String payload,
              OpFeedbackParam<String> res) { ... }
  private String extractResponse(HttpEntity entity) { ... }
}
```

人工品是基于 Apache HTTPComponents 库实现的[一]。在这种简单的情况下，用于指定请求和响应的有效载荷的数据格式只是一个字符串。

下面是一个使用该人工品进行 Agent 计划的部分代码：

```
+!test_web
  <- makeArtifact("web","maop_ch10.WebResource",[],Id);
     print("posting a new dweet on maop-book thing...");
     Msg =  "{ \"msg\": \"hello, world!\" }";
     post("https://dweet.io:443/dweet/for/maop-book",Msg, _)
     println("done.");
     println("getting the latest dweet on maop-book...");
     get("https://dweet.io:443/get/latest/dweet/for/maop-book",Res)
     println(Res).
```

Agent 使用人工品将消息发布到 dweet web 上一个名为 maop-book 的消息服务中，然后从中获取发布的最后一条消息。[二]

可以根据需要为 Web 设计不同种类的人工品。例如，不仅可以使用基于 REST 的

[一]　https://hc.apache.org。

[二]　http://dweet.io。

形式，也可以实现基于 SOAP 的形式从而提供管理完整 WS-* 堆栈的工具。到目前为止所展示的示例为 Web 技术的抽象层提供了一座桥梁，这使得使用这些人工品与任何类型的基于 Web 的服务进行交互成为可能。

另一种普遍的方法是使用人工品直接对（基于网络的）服务进行建模，提供具有操作和可观察属性的接口，这些都是在领域层面上设想的。下面是一个简单的例子，一个提供关于地理地图服务的 MapArtifact，它利用了 Google Map API 的引擎：⊖

```
public class MapArtifact extends Artifact  {
  private GeoApiContext context;

  void init(String apiKey) {
    context = new GeoApiContext.Builder().apiKey(apiKey).build();
  }

  @OPERATION
  void getGeoCoordinates(String place,
               OpFeedbackParam<Double> latit,
               OpFeedbackParam<Double> longit) {
    try {
      GeocodingResult[] results =
           GeocodingApi.geocode(context,place).await();
      latit.set(results[0].geometry.location.lat);
      longit.set(results[0].geometry.location.lng);
    } catch (Exception ex) {}
  }
  ...
}
```

一个使用人工品来请求某个地方的经纬度的计划的例子（一个目标的例子可以是 !test_map("Paris, France")）：

```
apiKey("AIzaSyDiPt735ULDnFl9Iwz4ZyeEzt1LKlxOVyE").
...
+!test_map(Place) : apiKey(APIKey)
  <- makeArtifact("map","maop_ch10.MapArtifact",[APIKey]);
     println("Requesting information about: ",Place,"...");
     getGeoCoordinates(Place,Lat,Long);
     println("Results - latitude: ",Lat,", longitude: ",Long).
```

为了使这个例子发挥作用，必须指定一个有效的 API 密钥⊖。在这种情况下，人工品使得与现有（网络）资源和服务的交互在较高的抽象层次上成为可能，重点是服务所提供的设施。这使得原则上可以重复使用相同的人工品，或者具有相同界面的人工品，而不考虑在人工品中使用的具体的网络服务 API。

作为最后的评论，值得注意的是，从技术角度来看，有可能使用内部动作来与网

⊖ https://developers.google.com/maps/documentation。
⊖ API 密钥可以通过在谷歌云平台上注册获得。

络资源 / 服务进行交互。然而，从概念的角度来看，内部动作是为了影响或访问 Agent 的内部状态，而不是环境。这就是我们使用人工品而不是内部动作的主要原因。然而，如果网络资源 / 服务在概念上是 Agent 的一部分，例如，实现一种辅助存储器，那么内部动作也是一个不错的选择。

服务端。在这种情况下，边界人工品可以被用来调解用户提出的基于网络的请求和为请求服务的 Agent 之间的交互。特别是，一个人工品可以用来包装服务端机构，以接受网络请求，并使它们对 Agent 可用，使它们能够处理请求并最终发送响应。下面是一个例子：

```java
public class RESTWebService extends Artifact {

    private Vertx vertx;
    private Router router;
    private HttpServer server;

    void init() throws Exception {
        vertx = Vertx.vertx();
        router = Router.router(vertx);
        router.route().handler(CorsHandler.create("*")
            .allowedMethod(io.vertx.core.http.HttpMethod.GET)
            .allowedMethod(io.vertx.core.http.HttpMethod.POST)
        ...
        router.route().handler(BodyHandler.create());
    }

    @OPERATION
    void start(int port) {
        server = vertx.createHttpServer()
            .requestHandler(router)
            .listen(port, result -> {
                if (result.succeeded()) {
                    log("Ready.");
                } else {
                    log("Failed: "+result.cause());
                }
            });
    }

    @OPERATION
    void acceptGET(String path) {
        router.get(path).handler((res) -> {
            this.beginExtSession();
            this.signal("new_req", "get", path, res);
            this.endExtSession();
        });
    }

    @OPERATION
    void acceptPOST(String path) { ... }
```

```
@OPERATION
void sendResponse(RoutingContext ctx, String res) {
    ctx.response().end(res);
}
...
}
```

RESTWebService 人工品利用 vertx 技术[⊖] 来建立一个基于 REST 风格的事件驱动的 Web 服务。该人工品提供 acceptXXX 操作来配置要提供的请求，这些请求可以通过信号被 Agent 观察到。此外，它还提供了一个操作来发送响应并关闭请求（sendResponse）。在 Agent 方面，在下面的例子中，一个 Agent 使用该人工品设置了一个 REST 网络服务（在 8090 端口），接受对一个计数（count）资源的 GET 和 POST 请求。每次有新的请求到来时，Agent 都会做出反应并提供服务，用一个信念来跟踪计数的值：

```
+!test_web_service
  <- makeArtifact("web service","tools.WebService",[],Id);
     acceptGET("/api/count");
     acceptPOST("/api/count/inc");
     focus(Id);
     +count(0);
     start(8090).

+new_req("get","/api/count", Req) : count(C)
  <- .concat("{ \"count\": ", C, " }", Reply);
     println("GET req on /api/count. Replying: ",Reply);
     sendResponse(Req, Reply).

+new_req("post","/api/count/inc", Req) : count(C)
  <- getBodyAsJson(Req,Body);
     C1 = C + 1;
     -+count(C1);
     .concat("{ \"count\": ", C1, " }", Reply);
     println("POST req on /api/count/inc. Replying: ",Reply);
     sendResponse(Req, Reply).
```

与客户端的情况一样，第二层是关于使用人工品直接在域层面上对服务进行建模，但是作为接口（或适配器）发挥作用，是为了方便使用 Agent 来封装服务的应用逻辑。

MAOP 和物联网

到目前为止，我们已经讨论了 Agent 和网络技术集成的两种方法：在客户端，Agent 请求服务；在服务器端，Agent 被用来实现服务。关于这个问题的第三个观点是 MAS 和网络之间的概念整合（Ciortea 等人，2019 年）。在这个观点中，MAS

⊖ http://vertx.io/。

不是并排研究 Agent 和服务，而是使用网络技术来桥接不同的实现方式，MAS 将网络架构作为底层胶水，将 MAS 中的所有实体（Agent、人工品、组织等）相互连接，并允许它们彼此交互。

这种观点的核心是将环境视为 MAS 中的头等抽象（Ciortea 等人，2019）。而在传统的观点中，MAS 只由 Agent 组成。从概念上讲，传统的观点中除了 Agent 消息的传输层之外，几乎没有余地去使用网络。然而，如果我们把环境也看作 MAS 中的一个头等抽象概念，那么网络就可以提供一个应用层来支持各种环境中介的交互，例如使用 W3C 物联网事物描述（https://www.w3.org/TR/wot-thing-description）的 Agent 和设备之间的交互。

机器人集成

在这一节中，我们将讨论如何将 JaCaMo 嵌入机器人，特别是在支持 ROS（Robotic Operating System）⊖中的解决方案。ROS 使用抽象主题简化了对硬件的访问，Agent 可以接收（从硬件获取信息）和发布消息（控制机器人）。当然我们可以通过一个人工品将一些主题转化为可观察的属性，将其他主题转化为操作。另一个选择是定制 Agent 架构，能够改变 Agent 对环境的感知和动作。前者的解决方案不会改变 Agent 的感知和动作方式，而后者则允许在集成中进行更多的控制和优化。下面的项目 Jason-ROS⊖探讨了后一种方法的具体实现。

本节中使用的例子为一个简单的海龟机器人（Turtle Bot），它提供了以下操作（见图 10.4）：

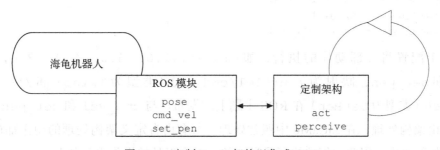

图 10.4　定制 Agent 架构以集成 ROS

⊖　https://www.ros.org。
⊖　https://github.com/jason-lang/jason-ros。

pose 用于获取机器人的当前位置（感知）。

cmd_vel 用于设置机器人的速度和方向等（动作）。

set_pen 用于设置乌龟所画的颜色（动作）。

用 Java 实现的定制 Agent 架构覆盖了两个方法：act（为 Agent 决定执行的每个行动而调用）和 perceive（在每个推理周期开始时调用）[⊖]。这些方法的 Jason-ROS 实现使用配置文件来说明主题如何被映射到信念和动作中。感知是这样配置的：

```
[pose]
name = /turtle1/pose
msg_type = Pose
dependencies = turtlesim.msg
args = x,y,theta
```

它将 ROS 模块 /turtle1/pose（Pose 类型）映射到置信状态中，如 pose(x,y,theta)，并且可以指定其他参数来设置更新该状态的频率。动作的配置如下：

```
[cmd_vel]
method = topic
name = /turtle1/cmd_vel
msg_type = Twist
dependencies = geometry_msgs.msg
params_name = linear.x, linear.y, linear.z, \
              angular.x, angular.y, angular.z
params_type = float, float, float, float, float, float

[set_pen]
method = service
name = /turtle1/set_pen
msg_type = SetPen
dependencies = turtlesim.srv
params_name = r, g, b
params_type = int, int, int
```

这个配置将外部动作的执行，如 cmd_vel(1.0, 5.0, 2.0, 3.0, 2.0, 1.5) 和 set_pen，映射为 /turtle1/cmd_vel（类型为 Twist）和 /turtle1/set_pen（类型为 SetPen）在 ROS 主题上的发布。与 cmd_vel 和 set_pen 不同的动作不由架构处理，在 JaCaMo 中照常处理。所有由自定义架构处理的动作都被 Jason 认为是外部动作，因此它们的执行是异步的，对人工品的操作也是如此。

为了使用这种特殊的 Agent 架构，应用程序中的 Agent 声明应该包括一个 ag-

⊖ 关于定制 Agent 结构的更多信息可参考 Bordini 等人（2007）的论文和 Jason 网站 http://jason.source-forge.net。

arch 条目：

```
mas turtle {
  agent t {
    ag-arch: jasonros.RosArch
  }
}
```

从 Agent 编程的角度来看，没有任何区别。我们继续像往常一样使用信念和行动。比如说：

```
+pose(X,Y,T) <- .print("I am at ",X,",",Y).
+!paint(red) <- set_pen(255,0,0).
```

当一个项目需要对感知和动作进行细粒度的控制时，例如，当不需要（或不希望）CArtAgO 的并发模型同时保持外部动作的异步执行时，自定义 Agent 架构是一种集成的解决方案。更多的控制可能也意味着更多的努力。例如，实现一个新的感知方法可能需要实现信念更新函数（BUF），这可能不是件容易的事。

10.3 与其他多 Agent 系统平台相集成

当我们把多 Agent 系统视为开放系统时，一个有趣的问题是，如何将异质编程语言、技术或平台开发的不同 Agent 和 MAS 在同一个系统中协同工作（Nielsen，2015），这其中也可能包括非 Agent 技术。在这样的应用场景中需要不同层次之间具备互操作性。从 MAOP 的角度来看，我们可以提出两种主要的解决方案。

第一种方法是利用第 7 章中介绍的通用 Agent 通信语言（ACL），使使用不同技术编写的、在不同平台上运行的 Agent 能够一起交谈。正如本书之前提到的，最流行的 ACL 是 FIPA ACL（由智能物理 Agent 基金会，一个标准化联盟）和知识查询和操纵语言（KQML）。两者都定义了一组表述性动词，也叫交流动作，以及它们的含义（例如，ask-one）。JaCaMo 支持这两种 ACL，特别是通过与 JADE 平台的整合，支持 FIPA ACL。共享一个共同的 ACL 只是互操作性的一个有利因素。为了使 Agent 能够相互理解，除了使用相同的语言，它们还需要有一个共同的本体。本体允许定义关于 Agent 所交换的消息内容的共同语法和语义。

第二种方法是基于共享一个共同的环境，环境可以由使用异质语言和技术编写的 Agent 加入。JaCaMo 所基于的 CArtAgO 框架被设想为可以利用不同的 Agent 模型和技术，为特定的 Agent 编程语言和技术提供桥梁（Ricci 等人，2008）。在这种情况下，异质 Agent 通过利用基于人工品的共享环境间接地进行交互和互操作。正如 ACL 的情况一样，这只是一个有利因素。为了实现全面的互操作性，本体将发挥重要作用，在这种情况下，要对人工品的界面和功能有一个共同的理解。在 A&A 模型中，关于人工品的功能是什么以及如何使用它们的信息是由人工品手册提供的。

正如前一节所述，EIS 框架提供了另一种使异构 Agent 能够在同一环境中工作和互操作的方法。在这种情况下，EIS 提供的不是环境的通用模型，而是在某些环境中访问和工作的接口，而不限制要采用的具体环境（元）模型。

本体与 Agent

文献中提出了不同的模型和语言，它们用于在不同 Agent 之间进行知识互换和本体定义。

其中一个例子是知识交换格式（Knowledge Interchange Format，KIF），这是斯坦福大学人工智能实验室提出的一种语言，旨在实现不同计算机系统之间的知识互换，由不同的程序员在不同的时间用不同的语言创建。在 Agent 的背景下，KIF 是主要描述 ACL 中消息内容的语言，特别是 KQML（Finin，1994）。

通用本体的定义是语义网中的一个主要内容（Berners-Lee，2001），语义网作为万维网的一个扩展，负责在网络上推广通用数据格式和交换协议。这其中包括资源描述框架（RDF）和本体语言（OWL），后者专门用于表示有关事物、事物组和事物之间的关系。语义网工作对于将通信多 Agent 系统引入万维网、集成智能 Agent 技术和本体论都至关重要（Hendler，2001）。

在 Agent 编程的情形中，本体既可以用于定义消息交换和交互协议的内容，也可以更一般地表示 Agent 内部的知识，即 BDI 模型中的 Agent 信念。使用本体来定义交互协议是 JADE 平台的主要特征之一（Bellifemine 等人，2007）。JASDL（Klapiscak 和 Bordini，2009）是文献中建议的一个例子，其中 Jason Agent 编程语言被扩展，以便使用 OWL 来表示信念，它实现了基于本体知识的计划触发泛化和使用这种知识查询信念库的功能。更多关于 Agent 编程和本体的信息可以在第 11 章语义和推理部分找到。

第 11 章

总结和展望

在这最后一章中,我们对涉及 MAOP 的一些主要研究视角进行概述。在回顾了描述 MAOP 方法的关键点之后,我们集中讨论人工智能,并讨论在考虑 MAOP 视角时,如何以不同的方式提出与人工智能相关的经典问题。然后,我们转向软件工程,讨论复杂软件系统的工程技术如何能得到 MAOP 的支持,以及更普遍的、面向 Agent 的软件工程方法。在整个章节中,我们提供了已经完成和发表的研究工作的参考,并提到了未来的研究方向。

11.1 MAOP 视角的总结

在本书中,我们介绍了 MAOP 方法,并重点介绍了参与其定义的每个维度(第 4、5 和 8 章中的 Agent、环境和组织维度),明确了它们提供了哪些编程抽象。我们还展示了这些抽象是如何在现代软件应用编程中整合在一起的,在这种情况下,自治性在相互连接的软件系统中的要求就越来越高(见图 11.1)。

由于各部分松散连接的动态关系,在实例化每个独立维度的软件实体之间时能够实现丰富而灵活的信息和流动控制。

❑ 沟通关系将 Agent 维度与自身连接起来。这种关系代表具有相同或不同架构的 Agent 能够相互通信的能力。Agent 之间的这种直接互动是由于表述性动词和用于表达共享信念、目标、事件和计划方面的信息内容的共同语言而实现的。

❑ 感知和动作的动态关系将 Agent 维度与环境维度联系起来。它们代表了 Agent 对共享环境的感知和动作，因此可能参与间接互动，这也是 Agent 之间互动的另一个方面。

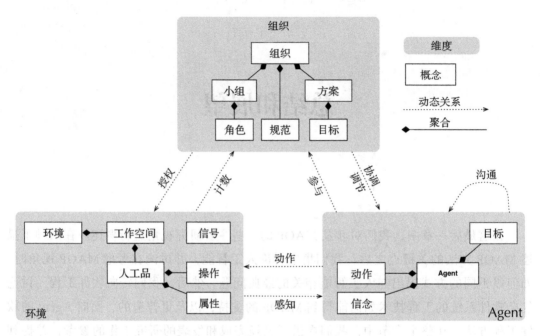

图 11.1   MAOP 维度

第 6 章和第 7 章从实践的角度研究了 Agent 和环境之间的动态关系。

❑ 参与、协调和监管的动态关系连接了组织和 Agent 维度。我们在第 9 章中介绍过，它们代表了 Agent 积极参与它们所属的组织对它们施加的协调和监管模式的手段。

❑ 连接环境和组织维度的动态关系的"授权"和"计数"已经在 8.3 节的研究角中提出，并且是正在进行的工作。

通过第 6、7 和 9 章所探讨的案例研究，我们首先展示了如何对 Agent 和它们所处的共享环境进行编程。然后，我们讨论了这些自治实体之间协调行为的编程。为此，我们介绍了如何使用参与 MAOP 方法定义的每个层面的编程抽象。正如 Boissier 等人（2019）所做的那样，我们展示了如何通过利用直接通信、共享环境或 Agent 组织来编程，以实现选择首选温度的相同协调模式。

在这几章中，我们讨论了不同的解决方案是如何从可用的维度之间产生不同的协同作用的，也就是说，对某一维度的强调会产生对特定问题的特定解决方案。我们讨论了这些解决方案中的每一个在处理同一问题时的好处和限制。JaCaMo 平台被用作这一工作的开发工具。这样，我们从实践的角度说明了 MAOP，并讨论了一个整合了 Agent、环境和组织维度的简单系统的开发。

11.2　MAOP 和人工智能

下面的每一节都致力于描述一些经典的人工智能相关问题，以及 MAOP 如何帮助重新审视这些问题，或者描述一项技术，以及它如何反过来帮助进一步推进 MAOP，以支持不断增加的系统复杂性的发展。我们选择特别关注以下问题：语义和推理、计划和动作、适应和学习以及论辩。

语义与推理

语义学是关于符号的意义的。在 MAOP 方法的背景下，符号和表达的范围可能与现实世界中的大量实体有关。这些实体可能指的是自治 Agent 或环境中的非自治实体，如工具或资源。然而，这些符号也可能与服务级别有关，这是一个更抽象的级别，用于描述 Agent、工具或资源的服务概要，即在 Agent 与 Agent 之间或 Agent 与工具之间的交互方面可能与之互动的对象类别。最后，它们还可能与策略层面有关，这是一个更加抽象的层面，在这个层面上，符号不再用于描述交互的内容，而是描述如何协调和监管实体之间的交互（例如，小组、社会方案或定义组织的规范）。对于这些层次中的每一个，Agent 都需要有能力计算它们所使用的符号之间的有意义的对应关系，以便在环境中动作时有效地交互和协调。

正如 Argente 等人（2013）所注意到的，在调整它们对实体、服务或政策的表述时，Agent 可能会遇到不同类型的冲突问题：

1. 虽然使用共同的正式语言（例如，用于指定其本体或分享内容交流语言的信息），但缺乏相同的词汇表或概念化术语。
2. 不同的语言，可能还有不同的词汇表和概念化。
3. 语义是隐含的和非正式的，被硬塞进 Agent 的决策机制、推理周期或 Agent 程序。

很明显，从第一种类型到第三种类型，对应的是在 Agent 之间实现语义一致和理解的难度增加。

从环境的角度来看，语义技术的使用与人工品的描述有关，在现有的工作中被称为人工品手册（Acay 等人，2009）。此外，就环境作为交互中介而言，环境可以为 Agent 访问语义描述［例如本体服务（Mascardi 等人，2014；Freitas 等人，2015）］或达成语义协议提供适当的设施（例如服务、存储库和信息源）。然而，随着难度的增加（这是在开放环境中所期望的），环境对于建立语义对应关系的作用应该变得更加重要（Argente 等人，2013）。环境提供了一个所有 Agent 被部署的共同场所。环境成为所有 Agent 的实际和共同背景。这导致了情境认知，其中的知识与情境密不可分。因此，调整语义和建立协议可以由 Agent 和它们的背景共同决定，而不是客观的调整或知识的组合。这为越来越有效的表现打开了大门。

在 Agent 层面，除了使用语义技术来描述系统中的 Agent（正如我们随后讨论的那样），语义技术还可以用于 Agent 内部的推理。在之前关于将 AgentSpeak 与本体论推理相结合的各种研究思路的基础上，Mascardi 等人（2014）提出了 CooLAgentSpeak，除了在计划选择、查询信念库和其他各方面对本体论推理的各种优势外，还增加了对使用本体论对齐服务的支持。

同样，在组织层面，我们可以使用语义技术来描述组织［例如，如 Semantic Moise（Zarafin 等人，2012）］，但反过来说，组织也可以被用作结构化语义的手段（例如，将一组本体附加到组织中，意味着在这些组织中使用某个本体是强制性的，使用另一个本体是禁止的，等等）。

最后，Freitas 等人（2015）给出了 JaCaMo 所有维度的语义描述，提出了一种方法来促进 JaCaMo 系统的建模。通过将顶层本体扩展到要开发的特定系统，用户在对系统进行编码时可以利用指定的概念，通过使用拖放和自动生成一些代码结构等技术。该方法还允许使用本体论推理来检查代码的某些方面的一致性。

计划和动作

正如 Trentin 等人（2019）所总结的，Agent 能够对动态世界采取动作和感知的必要认知功能通常被归纳为所谓的计划和动作功能（Ghallab 等人，2016）。后者是一种与外部世界直接接触的商议功能，负责遵循计划（即为实现目标而建立的一组有序的动作），并对环境做出反应（随着每一个输入，Agent 检查计划是否仍然可行，并选择适当的可用动作来执行），所有这些都是由先前选择的目标驱动的。规划功能是另一个商议功能，通过向它提供一组为实现先前定义的用户目标而定制的计划来补充动作功能。这个计划功能的输入是一组目标和 Agent 可用动作的操作模型。这些动作将被计划者结合起来，以创建能够实现给定环境的目标的计划。还可以有一个描述性模型，它是计划功能用来创建实现目标的计划的一组抽象动作，而操作模型是动作功能用来执行计划中存在的抽象动作的一组低级命令。

在运行时创建新的计划显然会对 Agent 在不可预知的环境中自治运行的能力产生重大影响。在 MAOP 方法的背景下重新考虑这个全球性的问题，需要考虑以下问题和机会。

定义将被规划功能使用的动作描述模型，需要有对 Agent 可用的可能行动的描述。在 MAOP 中，这对应于人工品中的一组操作，这些操作可以由 Agent 在它们加入的工作空间中部署和使用。然后出现了两个主要的研究问题：

1. 具有描述人工品使用界面的"手册"的存在，使 Agent 能够对其进行推理，并建立计划，在实现其目标时使用这些操作描述（Acay 等人，2009）。

2. 我们可以考虑在描述性模型中引入一组与创建人工品相关的元动作，加入工作空间，关注人工品，也就是处理人工品本身管理的各种动作。因此，我们可以用与 Agent 的工作环境的部署和配置有关的动作来充实规划。

然而，大多数现有的方法提供的规划能力只考虑到了 Agent 维度。这些方法使用文献中存在的各种规划技术。例如，第一原理规划（FPP），即非正式地创建新的计划，基于动作理论，即预定义的动作集，以实现目标（Xu 等人，2018；Silva 等人，2009）；马尔科夫决策过程（MDP）（Bellman 1957）；以及分层任务网络（HTN）———一种著名的规划技术，其中复合任务被分解成更简单的任务，直到获得可以直接执行的具体动作（Herzig 等人，2016）。需要研究的问题是如何在这些 Agent 中进行整合计划的能力，以及推理其他 Agent 的能力，以防止在计划阶段发生冲突（认识论推理和计划）。

将规划整合到 BDI Agent 编程的开创性的工作出现在 Sardiña 等人（2006，2011）的工作中，他们引入了一种名为 CANPlan 的语言。动作和规划的细化引擎（REAP）也有类似的方向（Ghallab 等人，2016）。这些方法旨在将 HTN 式规划纳入类似 BDI 的 Agent 中，最终使 Agent 能够进行在线规划和动作。另一种方法是 HTN Acting（Silva 2018a，b），其方法也是将 HTN 规划与 BDI 行为相结合，即进行交错的商议、动作和失败恢复。通过适应 HTN 规划语义，HTN 动作做了与 REAP 和 CANPlan 相反的事情，即适应 BDI Agent。

一个例子是 FPP 在 BDI Agent 中的嵌入（Xu 等人，2018；Silva 等人，2009），使其具有一些规划能力。然而，将 BDI Agent 和 HTN 规划结合起来似乎更有希望，也许是因为 BDI Agent 计划和 HTN 方法之间的相似性，这意味着 HTN 规划器可以重用 BDI Agent 计划库中的领域知识，因此相当适合于在线规划，正如 Cardoso 和 Bordini

（2019）所做的那样；这项工作随后将进一步讨论。

一个能够创建新计划的 Agent 能够以一种在线的、目标驱动的方式适应自己。但是它的行为可能完全不知道其他智能 Agent 的存在，最终只是感觉到世界上其他 Agent 的动作，并认为它们是要适应的简单变化。因此，我们对允许分散的 Agent 之间的交互和协调感兴趣，另一个主要挑战是规划人与 Agent 的交互。

在组织层面，社会方案代表集体层面的计划。Ciortea 等人（2018）提出的架构显示了一种可能的方法——使用组织维度作为协调 Agent 的手段。组织具有社会方案（一组集体目标），可用于分配能够执行这种目标的可用 Agent。这种分配是通过给 Agent 分配角色来完成的。另一种方法，即 Cardoso 和 Bordini（2019，2017）提出的分散式在线多 Agent 规划（DOMAP），使用环境维度来协调 Agent。该方法将多 Agent 规划的过程分解为三个部分：目标分配、个体（HTN）规划和使用协调人工品的执行。因此，有三个特殊的人工品：一个任务板、一个合同网板或类似的东西来做任务分配，以及一个具有社会法则的人工品来做运行时协调。目标分配的竞标使用基于从 Agent 的计划库中提取的指标的启发式方法。社会法则是特殊的人工品，为了在运行时解决冲突而施加规则。尽管这项工作可用，例如，当在 JaCaMo 组织方案不能实现主要目标时，但在考虑所有三个维度的 JaCaMo 系统的规划方面，仍有许多工作要做。

学习和适应

我们已经看到，JaCaMo 中使用的 Agent 架构，以及更普遍的是其中可用的多个层面的抽象，为利用现成的人工智能技术提供了许多机会。除了本体论推理和自动规划，还有很多机会可以使用（目前如此广泛的）机器学习技术。最直接可用的方式，特别是对于计算机视觉的机器学习工作，是简单地使用它们来为 Agent 提供感知。为了做到这一点，我们只需要将图像处理的结果以我们的 Agent 用来表示感知的特定符号方式来表示。

关于 BDI Agent 的学习和适应的一些最早的想法出现在 Guerra-Hernández 等人（2004）和 Airiau 等人（2009）的工作中。Singh 等人（2011，2010a，b）将 BDI Agent 计划库中类似于本书中使用的计划情境建模为决策树，在各种可用计划中选择一个计划以实现目标是以概率方式进行的，机器学习技术被用来改善这种选择；其想法是让 Agent 从经验中学习在给定情况下各种可用计划中哪个更可能成功。最近，甚至与我们的 MAOP 方法更直接相关的是，Ramirez 和 Fasli（2017）提出了一种在 Jason 中实现的有意学习的方法，侧重于计划的获取（即创造新的诀窍以在运行时调整 Agent 行为）。

在文献中，学习技术主要用于改善 Agent 的适应性，例如通过运行时的计划或动作选择。最近，Bosello 和 Ricci（2019）提出了另一个观点，在设计 / 开发时也探讨了学习的价值，作为一种自动创建计划而不是手工编写计划的方法。其基本思想是，为了设计一个能够实现某些目标 g 的 Agent，Agent 开发者（例如使用 Jason）可能会决定不手工编写计划，而是让 Agent 本身学习实现目标的最佳方式，这样会更方便。这可以通过，例如，强化学习（RL）过程（Sutton 和 Barto，2018），基于一些为此目的设计的模拟环境来完成。从这个角度来看，开发一个 Agent 将意味着在 Agent 开发期间的训练阶段，整合手工编码的计划和 Agent 本身通过经验学习的计划。同样的想法也可以应用在交互式 Agent 和组织层面。

论辩

论辩理论（Walton 等人，2008；Simari 和 Rahwan，2009）已经成为人工智能的一个重要研究主题，因为它为冲突信息的推理（这在多 Agent 系统和更普遍的现实世界中普遍存在）以及自治 Agent 通过通信达成协议提供了原则性的手段。关于单个 Agent 在论辩技术的基础上对可用的冲突信息进行推理，正如 Panisson 和 Bordini（2016）所做的那样，增加明确的可防御推理规则作为 Agent 信念基础的一部分是有用的。这允许 Agent 提出的论辩中使用的结论和理由成为 Agent 通常推理机制的一个组成部分。也就是说，这些论辩是由 Agent 现有的信念基础结构来处理的。Zavoral 等人（2014）提出了另一种方法，该方法与现有的信念库整合程度较低，但也为 Jason 实现，因此适用于 JaCaMo。Panisson 和 Bordini（2016）的实现是基于 defeasible Prolog（Nute 1993,2001），所以我们的 Agent 所采取的冲突信息的推理方法相当于论辩理论中所谓的基础语义，如 Governatori 等人（2004）所示。

在 Agent 通信方面，我们已经给言语动作赋予了正式的语义，这些言语动作是论辩所特有的（Panisson 等人，2014），因此比通常的 Agent 通信过程更具表现力；语义是使用 JaCaMo 支持的定义新表述性动词的直接手段来实现的。这种方法允许 Agent 提出主张，证明它们是如何能够得出特定主张的，质疑其他 Agent 的主张或理由，等等。做出这样的对话动作会对参与的 Agent 产生承诺，在这个意义上，一个 Agent 会致力于捍卫它在整个互动过程中提出的主张（即通过交流使该 Agent 得出这些结论的推理来证明它们），当然，除非在与其他 Agent 交换的新信息的基础上，该 Agent 选择撤回以前的那些主张。在我们的 JaCaMo 框架中，人工品被用来跟踪承诺的存储。通常情况下，我们希望有机制来确保这种多 Agent 通信作为一个有限的过程阐释出来，在 Agent

之间达成协议，基于论辩的协议被用于这一目的（Panisson 等人，2015b）。

所描述的方法也得到了扩展，以支持对论点的思考，同时考虑到来自 Agent 社会、共享环境和参与基于论证的对话的其他 Agent 模型的信息（Panisson 等人，2018b；Melo 等人，2016）。例如，该方法已被用于移动应用程序，以支持涉及环境辅助生活的医疗保健场景中的团队工作（Panisson 等人，2015a），或瞄准新兴技术，如物联网（Panisson 等人，2018a）。

从 MAOP 和 JaCaMo 的角度来看，更有趣的是，基于论辩的推理模式的使用，称为论辩方案，已经与组织维度相结合，并可用于支持特定 MAOP 应用的特定领域推理模式（Panisson 和 Bordini，2017a）。此外，考虑到 JaCaMo 基础设施，当论证的部分是 JaCaMo 多 Agent 系统中的共同知识时，我们可以避免交换这些部分（Panisson 和 Bordini，2017b）。

所有提到的工作都是作为第一批基于面向多 Agent 编程的实用论辩的完整框架之一，也就是说，使用环境和组织的抽象来支持由 Agent 进行的论辩过程。

11.3　MAOP 和软件工程

在本书中，我们介绍了多 Agent 系统作为复杂软件系统工程的一种范式。在文献中，这是面向 Agent 的软件工程（AOSE）（Jennings 2000）所采用的观点，即从方法论到架构和技术，把面向 Agent 的方法应用于涉及软件工程的广泛领域。鉴于此，在本节中，我们将讨论 MAOP 对软件工程的影响，详细讨论 AOSE 在处理复杂软件系统方面的主要原则，以及从背景上看，MAOP 如何成为实现这些原则的重要工具。

继 Jennings（2000）之后，我们首先考虑软件工程中采用的处理（复杂）软件系统的主要知名技术，然后讨论多 Agent 系统和 MAOP 如何支持这些技术。Booch 等人（2007）总结了这些技术，包括：

❑ 分解——将大问题分割成更小的、更容易处理的块，以相对独立的方式处理。这对于限制设计者的范围很有用——在任何时候都只需要考虑问题的一部分。

❑ 抽象——定义系统的简化模型，既强调一些细节或属性，又压制其他一些细节或属性。这对于限制设计者的范围也是很有用的，以牺牲不太相关的细节为代价来关注突出的方面。

❑ 组织——识别和管理各种解决问题的组成部分之间的相互关系。这有助于设计者解决复杂性问题，因为它可以将各部分组合在一起，作为一个更高层次的分析单位来对待，也可以提供一种方法来描述各单位之间的高层关系。

在这里，考虑一下系统的复杂性意味着什么也是有用的，也就是说，这些技术要解决什么挑战。根据 Simon（1996）的观点，通常描述复杂人工系统的两个重要方面是：

- ❏ *层次性*——复杂的软件系统通常是由相互关联的子系统组成的，每个子系统又是有层次的结构。

- ❏ *交互*——复杂软件系统中的交互通常涉及两个不同的层次：子系统之间和子系统内部，具有不同的非功能属性。特别是，子系统内部的互动更频繁，也更容易预测，而子系统之间的互动则更不容易耦合。因此，通常子系统几乎可以被当作是相互独立的，但不是完全独立的。Simon 把这种系统称为几乎可分解的系统。

鉴于这些技术和挑战，我们现在考虑多 Agent 系统和 MAOP 将如何为在复杂软件系统中应用这些软件工程技术提供有效的支持。

用 MAS 和 MAOP 进行分解、抽象和组织

面向 Agent 的方法对复杂系统工程过程的好处可以总结为三个要点，感兴趣的读者可以在文献中找到［例如 Jennings（2000）；Wooldridge 和 Ciancarini（2001）］关于这个主题的全面讨论。

对于那些必然是分布式的或有多个控制点的系统来说，MAS 所倡导的分解风格是自然的。这些特征经常出现在现实世界的复杂系统中［"真正的系统没有顶部"（Meyer 1997）］。

首先，去中心化降低了控制的复杂性，导致组件之间的耦合程度降低。其次，控制的去中心化导致了尽管系统很复杂（分布），但仍有反应灵敏的系统，因为作为自治实体的 Agent 可以根据它们的本地情况决定采取何种动作，最终只在需要时与其他组件（Agent）互动，也就是在子系统之间交互的情况下。然而，控制的去中心化要求考虑交互和协调作为系统工程的一个主要方面。在这种情况下，交互模型的灵活性非常重要，因为固有的复杂性使得在设计时很难或不可能预测或分析所有可能的交互。Agent 导向促进了一种设计思想，其中组件本身被赋予了在运行时对其交互的性质和范围做出决定的能力。

MAOP 允许将这种分解方式从设计层面带到编程层面，以及运行时。此外，它还能通过分离自治（Agent）和非自治（人工品）组件来进一步完善分解，这反过来又能实

现更好的关注点分离。

转到抽象点，在设计软件时，最强大的抽象可以最大限度地减少分析单元之间的语义距离，这些分析单元被直观地用于概念化问题和解决方案范式中存在的构造（Jennings，2000）。这一观点也得到了现代软件工程方法的支持，如领域驱动设计（Evans，2003）。在复杂系统的情况下，需要描述的问题往往由子系统、子系统组件、交互作用和组织关系组成。在这一点上，子系统和 Agent 组织，以及子系统组件和 Agent 的概念之间的强烈对应程度，使得面向 Agent 的思维方式成为复杂系统建模的自然手段。在这一点上，子系统之间以及子系统的组成成分之间的相互作用最自然地被看作是高层次的社会交互，例如，Agent 通过合作以实现共同的目标，协调它们的动作，或通过谈判解决冲突。

MAOP 通过从 Agent 维度到组织维度等多个维度的头等编程抽象，帮助程序在编程和运行时保持这种抽象水平。

最后，关于组织这一点，复杂系统通常涉及其各组成部分之间不断变化的关系网（Jennings，2000）。在这一点上，面向 Agent 的方法提供了一套丰富的结构，用于明确表示和管理组织和组织关系（如角色、规范和社会法则），以及对集体结构本身进行建模（如小组、联合意向等），提供对动态变化的此类组织结构和关系的灵活管理，包括灵活地形成、维持和解散组织的计算机制。在 MAOP 中，这是一个主要方面，由组织层面上的头等编程抽象直接支持，在结构层面上通过角色和小组等结构抽象，在功能层面上通过方案和任务等功能抽象，在规范层面上也是如此。这种支持的一个要点是，在编程层面上，一方面是组织和 Agent 维度之间的联系，另一方面是组织和环境维度之间的联系，这样，概念之间就有了明确的语义关系（例如，Agent 和组织维度中的目标，在环境中的一些动作被认为是在组织中实现目标）。

将知识和社会层面带入软件工程

总的来说，面向 Agent 的方法和 MAOP 给软件工程带来了文献中所说的知识层次和社会层次。Newell（1982）提出的知识层面，说明了在一个层面上描述（理解、建模和设计）一个系统，从用于实现它的具体结构和过程中抽象出来，或从操作上定义其行为。一个系统的描述和理解是以其目标和实现这些目标的知识为基础的，并假设理性原则为行为法则，对其决策进行建模。图 11.2 显示了如何使用知识层面来描述一个系统。从概念上讲，知识是构建在符号层之上的，而符号层的重点是表征、数据结构和过程（而不是知识）。反过来，符号层可以分层在电路层上。社会层面位于知识层面之上，因为它使我们能够对复杂系统的整体行为及其关键的概念结构进行建模、研究和设计，而不需要我们深入研究各个子系统及其相互作用的知识细节。

元素	描述	知识层面	社会层面
系统	被描述的实体	Agent	组织
组件	系统的主要元素	目标、动作	Agent、交互、依赖性、组织关系
构成法则	组件间如何被组装	多种	角色、小组、任务、方案
行为法则	系统的行为依赖于它的组成和组件	Agent 合理性	组织合理性
媒介	这些元素被处理以获得所需的行为	知识	规范、影响他人的手段、改变组织的手段

图 11.2   知识和社会层面，在 Jennings（2000）之后

知识和社会层面的想法的力量在于，它允许我们重新思考涉及工程过程的主要方面——分析、设计、验证等——在一个抽象的层面上，既是领域驱动的——因为知识通常是在领域层面，又是面向人类的——因为系统是以人类设计者的目标和（希望是）理性来表达的。MAOP 通过保持这种抽象水平来支持知识水平，也支持开发和运行系统。

这两个层次提供了一个设计空间，以确定处理两个主要挑战的策略，这些挑战在考虑嵌入人工智能技术的现代软件系统的工程中是值得关注的。第一个是关于灵活性和不可预测性之间的斗争。正如我们在前几章所说，这两者都是 Agent 的自治性，以及 Agent 之间的相互作用的影响，这可能会导致 MAS 层面上的突发行为。一方面，自治性和突发行为对于制造自适应系统非常重要（Cheng 等人，2009），这些系统可以灵活地适应环境中不可预测的变化，而不需要人类的干预。另一方面，这种灵活性不应该以牺牲验证和确认软件系统的能力为代价，保证属性，并对系统进行完全控制。MAOP 方法在知识和社会层面提供的头等设计和编程抽象的可用性，使得平衡灵活性和不可预测性成为可能——包括实现各种形式的可调整自治性的可能性（Scerri 等人，2002），其中 Agent 可以动态地改变自己的自治性，将决策控制权转移给其他实体（如人类），或改变和适应他们的管理方式（如重组）或他们所在的环境（如部署新人工品）。第二个问题是关于系统和机制的可解释性，Agent 应该能够帮助人类专家理解与他们的决策和行为有关的所有方面。

MAOP 提供的多维方法允许通过利用 Agent、组织和环境作为头等的抽象来塑造这样的策略，特别是中介互动的力量（在第 7 章讨论）和 Agent 能够推理它们的组织

（在第 9 章讨论）。

对方法论和工具的反思

适当的工具和方法的可用性是在实践中支持这种基于软件工程的知识和社会水平的观点的根本。在文献中，有几个面向 Agent 的方法论已经在 OSE 的背景下被引入；主要的例子是 Prometheus（Padgham 和 Winikoff，2003）和 Gaia（Wooldridge 等人，2000）；感兴趣的读者可以参考 Sturm 和 Shehory（2014）；Iglesias 等人（1999）；Cossentino 等人（2007）的综述和 Henderson-Sellers 和 Giorgini（2005）；Sterling 和 Taveter（2009）的书籍。在一些方法论中，环境和组织的概念主要是在早期阶段使用，以澄清要解决的问题。在整个过程中，这些概念被分析，在实施阶段，它们通常会消失，被 Agent 概念取代，主要是因为考虑到的编程工具只支持 Agent 维度。例如，Prometheus 在分析阶段使用角色的组织概念来描述部分 Agent 行为。然而，在该过程结束时产生的程序是，例如，一组 Agent。在这个例子中，角色在所有的方法论阶段中都不是一个头等的实体。最初处理这个问题的工作是 Prometheus AEOlus（Uez 和 Hübner，2014）。它偏离了 Prometheus，改变了一些阶段，在开发过程的最后为 JaCaMo 等工具产生代码。

从编程的角度来看，MAOP 促进了对新型 IDE（集成开发环境）的思考，包括调试器和概要剖析器的新视角，使得在知识和社会层面检查、查询和分析系统的行为成为可能。文献中朝这个方向发展的例子有 Hindriks（2012）；Winikoff（2017），他们将面向 Agent 的编程的调试重新思考为一个由为什么问题驱动的解释过程。JaCaMo 为这一观点提供了一些支持，它允许用户在运行时从信念和意图的角度检查 Agent；从人工品及其可观察属性的角度检查工作空间；从作为元模型一部分的小组、方案和参与者的角度检查组织。

然而，在写这本书的时候，我们还远远没有拥有能够在实践中充分挖掘应用于软件工程的知识和社会层面的力量的工具。我们仍有很大的空间来研究和开发将被学术界和工业界广泛采用的工具。

11.4　未来之路

麻省理工学院的亨利·利伯曼在"对抽象的持续追求"中谈到编程范式，特别是面向对象编程时说：

面向对象程序设计的历史可以被解释为对抽象概念的持续追求——创造代表某种情况的基本性质的计算人工品，而忽略不相关的细节。

——亨利·利伯曼，2006

面向多 Agent 的编程通过引入新的头等编程概念，捕捉现代复杂软件系统和"情境"的重要特征，为抽象化的持续探索做出了贡献。每一种范式都有一些鼓舞人心的可参考的背景隐喻或背景——计算机用于命令式编程，数学用于函数式编程，而对象世界用于面向对象编程。MAOP 的灵感来自于人类的世界，包括它们如何与对方和人工品交互，以及它们如何在环境中组织自己。正如本书所显示的，这一抽象层次引发了理解复杂软件系统工程的新方法，以及在知识和社会层次下构想软件工程和人工智能之间富有成效的整合的新方法。

事实上，未来的应用场景需要一个更广泛的整合视角，超越软件工程和人工智能。在社会技术和网络物理系统中，我们看到了数字世界和物理世界、数字世界和人、社会、机构和法律之间的更大融合。这种融合要求在人与机器之间，以及在 MAOP 观点中，在人与作为智能 Agent 组织的系统之间，有更普遍和新颖的交互和合作形式。这一方向可以在研究愿景中得到认可，如人类 -Agent 集体（Jennings 等人，2014）和镜像世界（Gelernter，1991；Ricci 等人，2019），以及人与人的视角（Ricci 等人，2015）。

这意味着在知识和社会层面的图景中为人类找到一个位置，这样系统就可以被设想为 Agent 和人类的组织，其中行为法则说明了包括 Agent 和人类的（组织）理性理论。在不断追求抽象化的过程中，人性化的方面可能值得头等的建模和实施。这似乎是设计和发展即将到来的开放的、自治的、智能的社会技术和网络物理社会的一个重要步骤，这些社会需要明确表示和操作有关道德、价值和法律的高级人类原则。我们希望 MAOP 将继续朝着这个方向发展。

我们希望这本书有助于传达这样的理念：MAOP 是追求抽象化的重要一步，也是迈向人在系统以及人性化计算系统的未来的重要一步，在这个过程中，道德的人工智能技术被无缝地整合到为社会利益而构建的复杂系统的实际发展中。

练习答案

这里我们挑选一些练习，介绍和讨论它们的答案。你可以从书中的网站 http://jaca-mo.sourceforge.net/book 下载这些答案的代码和其他练习的答案。

练习 3.1

a）为了在"Hello World"消息中加入"Wonderful"这个词，我们需要首先创建一个新的 Agent john 来处理这个新词的管理。它的计划被存储在名为 john.asl 的文件中）。

基于 Agent 通信的解决方案的应用程序文件如下：

```
mas mag_hw {
    agent bob { // 文件 bob.asl 被使用
      goals: say("Hello")
    }
    agent alice
    agent john
}
```

Agent bob 的代码被修改以要求 john 打印其字：

```
+!say(M) <- .print(M);
            .send(john,achieve,say("Wonderful")).
```

Agent john 的代码非常相似，要求 alice 打印其单词：

```
+!say(M) <- .print(M);
            .send(alice,achieve,say("World")).
```

最后，alice 的代码没有改变。

```
+!say(M) <- .print(M).
```

对这一解决方案进行编程需要对 Agent 进行重新编程，以便它们能够正确协调共享任务的执行。我们需要改变信息的接收者（以指示下一个处理全局任务的下一步 Agent）和它们必须打印的字。

在使用环境协调的应用程序文件中，我们保留了 Blackboard 人工品，并创建了新的 Agent john，使其关注人工品。

```
mas sit_hw {
  agent bob {
    join: room                      // bob 加入工作空间 toolbox
    goals: say("Hello")
  }

  agent alice {
    join: room                      // alice 也加入工作空间 toolbox
    focus: room.board               // 并且关注 board 人工品
  }

  agent john {
    join: room                      // alice 也加入工作空间 toolbox
    focus: room.board               // 并且关注 board 人工品
  }

  workspace room {                  // 创建工作空间 toolbox
    artifact board: tools.Blackboard // 和 board 人工品
  }
}
```

Agent bob 的代码没有改变。

```
+!say(M) <- writeMsg(M).
```

Agent john 的代码是新的。它包括一个由感知 lastMsg("Hello") 触发的计划。

```
+lastMsg("Hello") <- writeMsg("Wonderful").
```

Agent alice 的代码已被修改，以考虑新的触发事件 lastMsg("Wonderful")。

```
+lastMsg("Wonderful") <- writeMsg("World!").
```

对这一解决方案进行编程时，只需要对它们等待和打印的单词进行重新编程。与通信协调方案不同，我们不需要在 Agent 程序中包含谁是任务中的下一个 Agent。

最后，对于通过组织进行的协调，我们通过创建一个负责打印新词的新任务来改变组织规格。请注意，在这个新的组织规格中，社会计划和规范性规格的定义中有目标 show_w3、任务 mission3 和规范 norm3（结构规格的唯一变化是将角色 greeter 的 cardinality 固定为 3）。

```
<functional-specification>
  <scheme id="hw_choreography">
```

```
      <goal id="show_message">
        <plan operator="sequence">
          <goal id="show_w1"/>
          <goal id="show_w3"/>
          <goal id="show_w2"/>
        </plan>
      </goal>

      <mission id="mission1"  min="1" max="1">  <goal id="show_w1"/>  </mission>
      <mission id="mission2"  min="1" max="1">  <goal id="show_w2"/>  </mission>
      <mission id="mission3"  min="1" max="1">  <goal id="show_w3"/>  </mission>
    </scheme>
</functional-specification>

<normative-specification>
  <norm id="norm1"  type="permission" role="greeter" mission="mission1"/>
  <norm id="norm2"  type="permission" role="greeter" mission="mission2"/>
  <norm id="norm3"  type="permission" role="greeter" mission="mission3"/>
</normative-specification>
```

应用程序文件中 Agent john 的创建与其他 Agent 类似。

```
...

agent john : hwa.asl {
  focus: room.board
  roles: greeter in ghw
  beliefs: my_mission(mission3)
}
...
```

在所有 Agent 的共同代码中（文件 hwa.asl），我们添加一个新的计划来处理新目标。

```
...
+!show_w3  <- !say("Wonderful").
...
```

增加一个新词需要我们改变组织规格，并创建一个新的 Agent，能够处理任务 mission3 的分配。

b）为了按相反的顺序打印信息，产生基于通信的解决方案需要改变所有 Agent 的代码，修改信息的接收者和它们必须打印的字。在使用环境的协调版本中，我们需要修改所有 Agent 的计划中的触发事件和打印词。在基于组织的版本中，我们需要改变社会计划中目标的顺序，不需要改变 Agent 的代码，因为协调是在 Agent 之外（明确地）编码的。

c）在基于通信和环境的解决方案中，为了并行地打印单词，我们必须修改所有 Agent 的代码。在基于组织的版本中，我们只需在社会方案的定义中用 parallel（并行）取代 sequence（串行）。

练习 4.1

在文件 `bob.asl` 中编程的 **Agent** bob 有一个信念，对应它的一个偏好的蛋糕：`new_cake("Biscuit Cake")`。它的五个计划中的第一个实现了一个反应式行为，创造了一个新的目标来拥有这个蛋糕。接下来的两个计划实现了主动行为，将拥有一个蛋糕的目标分解为两个子目标：购买或制作蛋糕。这两个行为发生在不同的情况下，正如 **Agent** 计划的上下文部分（由 ":" 分隔符引入）所写的。

```
new_cake("Biscuit Cake").        // 模拟新蛋糕广告
have(money).                     // 我最初认为我有一些钱

+new_cake(X) <- !have(cake(X)).  // 反应行为

                                 // 积极主动的行为
 // 实现目标的两个可能的计划 have(cake(_))
+!have(cake(X)) : have(money) <- !buy(X).
+!have(cake(X)) : have(flour) & have(salt) & have(sugar) &
                  have(vanilla) & have(oven)
  <- !make(X).

+!buy(X)  <- .print("Buying ",X).
+!make(X) <- .print("Making ",X).
```

练习 4.2

推断 **Agent** 是否具备在家里烤蛋糕的所有必要条件的规则可以为如下所示的这样：

```
have_all_to_bake :- have(flour) & have(salt) & have(sugar) &
                    have(vanilla) & have(oven).
```

因此，实现目标的第二个计划 `have(cake(X))` 可以被简化为

```
+!have(cake(X)) : have_all_to_bake  <- !make(X).
```

练习 5.1

a）5.2 节中介绍的 `Calculator` 人工品被扩展以实现新的操作 `sum` 和访问可观察属性 `lastResult` 的值。

```
package tools;
import cartago.*;

public class Calculator extends Artifact {
```

```
void init() {
    defineObsProperty("lastResult",0.0);
}

@OPERATION void sum(double a, OpFeedbackParam<Double> result){
    ObsProperty p = getObsProperty("lastResult");
    double res = a + p.doubleValue();
    p.updateValue(res);
    result.set(res);
}
}
```

b）新的 CalculatorB 人工品扩展了上述 Calculator 人工品（使用继承），并实现了两个新的操作 storeResult 和 recall。

```
package tools;
import cartago.*;

public class CalculatorB extends Calculator {

    double mem = 0;

    @OPERATION void storeResult() {
        mem = getObsProperty("lastResult").doubleValue();
    }

    @OPERATION void recall() {
        getObsProperty("lastResult").updateValue(mem);
    }
}
```

Agent 测试这个人工品的一个例子是

```
!test. // 初始目标

+!test
  <- sum(10.1,S); sum(S,R);
     storeResult;
     sum(1000,_);
     recall.

+lastResult(S) <- .print("Sum is now ",S).

{ include("$jacamoJar/templates/common-cartago.asl") }
```

下面的应用程序文件使这个 Agent 使用新的人工品：

```
mas calc {
  agent bobB {
    focus: w.calculator
  }

  workspace w {
      artifact calculator: tools.CalculatorB
    }
  }
```

执行的结果是

```
Sum is now 0
Sum is now 10.1
Sum is now 20.2
Sum is now 1020.2
Sum is now 20.2
```

练习 5.2

SharedDictionary 人工品的使用接口由一个 put 操作和一个 get 操作组成，前者用于在字典中添加新的信息项，后者用于检索一个给定键的信息（使用 OpFeed-backParam）。这个人工品不提供任何可观察的属性。

```
package tools;
import cartago.*;
import jason.asSyntax.*;
import jason.asSyntax.parser.*;
import java.util.*;

public class Dictionary extends Artifact {

  Map<String,Object> dic = new HashMap<>();

  @OPERATION void put(String k, Object v) {
    dic.put(k,v);
  }

  @OPERATION void get(String k, OpFeedbackParam<Term> r) {
    try {
      r.set(ASSyntax.parseTerm(dic.get(k).toString()));
    } catch (ParseException e) {
      failed("object "+dic.get(k)+
              " can not be parsed as a Jason term!");
    }
  }
}
```

练习 6.1

盲目承诺的 buy 目标模式可以按以下方式实现：

```
+!buy(X) : have(X).              // 目标已经实现，无事可做
+!buy(X) <- goto(market); buy(X). // 努力实现目标（可能会失败）
-!buy(X) <- !buy(X).             // 继续努力
```

一个一心一意投入的 Agent 有一个额外的计划来放弃目标：

```
+!buy(X) : have(X).
+!buy(X) <- goto(market); buy(X).
-!buy(X) <- !buy(X).

-open(shop) <- .fail_goal(buy(_)). // 如果我不相信有开放的购物，因失败而放弃目标
```

练习 7.1

这个练习的解决方案在三个 Agent 中编程：agentA、agentB（基于 agent.asl 程序），以及在 agentC.asl 中编程的 agentC。这三个 Agent 都在工作空间 playground 上工作，它们根据软件包 tools 中的 Table 人工品模板，left 和 right 共享人工品。这个解决方案的应用程序文件是

```
mas ping_pong {
  agent agentA : agent.asl {
    focus: playground.left
           playground.right
    goals: start
  }

  agent agentB : agent.asl {
    focus: playground.left
           playground.right
  }

  agent agentC {
    focus: playground.left
           playground.right
  }

  workspace playground {
    artifact left:  tools.Table
    artifact right: tools.Table
  }
}
```

left 和 right 的人工品是由同一个 Table.java 类创建的。

```
package tools;
import cartago.*;
import jason.asSyntax.*;

public class Table extends Artifact {
  @OPERATION void play() {
    // getopuserName() 返回 Agent 的名称
    // 执行此操作
    signal("played", ASSyntax.createAtom(getOpUserName()));
    // 参数的类型是 Jason Atom
  }
}
```

agentA 和 agentB 共享相同的代码：

```
+!start <- play.
+played(A)
  : not .my_name(A) // 轮到我了
  <- .print("Agent ",A," has played");
     .wait(1000);
     play.
{ include("$jacamoJar/templates/common-cartago.asl") }
```

最后，agentC 的程序是

```
c(0). // 计数器作为信念
+played(_) : c(X) <- -+c(X+1); .print("ping ",X).
{ include("$jacamoJar/templates/common-cartago.asl") }
```

执行的结果是

```
[agentB] Agent agentA has played
[agentC] ping 0
[agentA] Agent agentB has played
[agentC] ping 1
[agentB] Agent agentA has played
[agentC] ping 2
[agentA] Agent agentB has played
[agentC] ping 3
[agentB] Agent agentA has played
[agentC] ping 4
```

练习 7.2

agentC 向其他人发送"停止"的实现方式如下：

```
c(0). // 计数器作为信念
+played(_) : c(10) <- .broadcast(tell,stop). // 新计划
+played(_) : c(X)  <- -+c(X+1); .print("ping ",X).
{ include("$jacamoJar/templates/common-cartago.asl") }
```

在 agentA 和 agentB 中的实施可以通过几种方式进行。第一种解决方案是通过使计划只在 Agent 没有 stop 信念（由 agentC 告知）时才适用，来约束对事件的反应 played/1。

```
+!start <- play.
+played(A)
  : not .my_name(A) &
    not stop    // 新条件
  <- play.
{ include("$jacamoJar/templates/common-cartago.asl") }
```

这个解决方案只是避免了对事件 +played(…) 的计划的应用。以前创建的意图不受 agentC 消息的影响。在这种情况下，最好是使用 .drop_intention 内部动

作来放弃这些意图。然而，这个内部动作 .drop_intention 只能用于目标，而当前的计划是面向数据的（由创建一个新的信念触发）！因此，我们需要重构 agentA 和 agentB 的代码，使其为面向目标的（因此可以放弃）。

```
1   !play.                              // 新的初始目标
2   +!start <- play.                    // 初始扮演
3
4   +!play
5     <-                                // 等待其他扮演
6        .wait( last_played(A) & not .my_name(A));
7        .wait(1000);
8        play;                          // 行为
9        !play.                         // 继续按目标扮演
10  +stop <- .drop_intention(play).     // 丢弃目标条件
11
12  +played(A) // 将信号存储为信念（在第 6 行中使用）
13     <- .print("Agent ",A," has played");
14        -+last_played(A).
15
16  { include("$jacamoJar/templates/common-cartago.asl") }
```

请注意，第 6 行的 .wait 是在等待一个信念；然而，人工品产生了一个信号，那么最后一个计划（第 12~14 行）是需要的。如果人工品将 played/1 作为一个可观察的属性而不是一个信号，那么最后这一个计划可以被删除。

练习 8.1

一个可能的组织规格（写在 wp-os.xml 文件中），用于结构化和协调助理 Agent 以进行支持论文写作的过程，如下所示。该结构性规范有一个组 wpgroup，其中 writer 和 editor 角色由"熟人""权威"和"交流"链接进行连接（注意在 author 角色上使用"交流"链接的因子化，该链接由 writer 和 editor 角色继承）。我们可以注意到，Agent 被允许同时扮演 editor 和 writer（这两个角色在本组范围内是兼容关系）。功能规格通过定义社会方案 writePaperSch 中的计划，将目标分解为串行和 / 或并行子目标，来抽象出写论文的整体过程。这个计划的目标被分配到三个任务中：mCollaborator、mManager、mBib。最后，规范性规格为结构性规格的角色分配了义务和权限，使其能够承诺功能规范中定义的任务。

```
<?xml version="1.0" encoding="UTF-8"?>

<?xml-stylesheet href="http://moise.sourceforge.net/xml/os.xsl"
                 type="text/xsl" ?>

<organisational-specification
```

```
id="wp"
os-version="0.8"

xmlns='http://moise.sourceforge.net/os'
xmlns:xsi='http://www.w3.org/2001/XMLSchema-instance'
xsi:schemaLocation='http://moise.sourceforge.net/os
                    http://moise.sourceforge.net/xml/os.xsd' >

<structural-specification>
  <role-definitions>
    <role id="author" />
    <role id="writer"> <extends role="author"/> </role>
    <role id="editor"> <extends role="author"/> </role>
  </role-definitions>

  <group-specification id="wpgroup" >
    <roles>
        <role id="writer" min="1" max="5" />
        <role id="editor" min="1" max="1" />
    </roles>
    <links>
      <link from="writer" type="acquaintance"  to="editor" scope="intra-group" />
      <link from="editor" type="authority"     to="writer" scope="intra-group" />
      <link from="author" type="communication" to="author" scope="intra-group" />
    </links>

    <formation-constraints>
        <compatibility from="editor" to="writer" type="compatibility"
                       scope="intra-group" bi-dir="true"/>
    </formation-constraints>
  </group-specification>
</structural-specification>

<functional-specification>
  <scheme id="writePaperSch" >

    <goal id="wp" ttf="5 seconds">
      <plan operator="sequence" >
        <goal id="fdv" ds="First Draft Version">
          <plan operator="sequence">
            <goal id="wtitle"     ttf="1 day" ds="Write a title"/>
            <goal id="wabs"       ttf="1 day" ds="Write an abstract"/>
            <goal id="wsectitles" ttf="1 day" ds="Write the sections' title" />
          </plan>
        </goal>
        <goal id="sv" ds="Submission Version">
          <plan operator="sequence">
            <goal id="wsecs"  ttf="7 days" ds="Write sections"/>
            <goal id="finish" ds="Finish paper">
              <plan operator="parallel">
                <goal id="wconc" ttf="1 day"
                      ds="Write a conclusion"/>
                <goal id="wrefs" ttf="1 hour"
                      ds="Complete references and link them to text"/>
              </plan>
            </goal>
          </plan>
        </goal>
      </plan>
    </goal>

    <mission id="mCollaborator" min="1" max="5">
      <goal id="wsecs"/>
```

```
    </mission>
      <mission id="mManager" min="1" max="1">
        <goal id="wabs"/>
        <goal id="wp"/>
        <goal id="wtitle"/>
        <goal id="wconc"/>
        <goal id="wsectitles"/>
      </mission>

      <mission id="mBib" min="1" max="1">
        <goal id="wrefs"/>
        <preferred mission="mCollaborator"/>
        <preferred mission="mManager"/>
      </mission>
    </scheme>
  </functional-specification>

  <normative-specification>
    <norm id = "n1" role="editor" type="permission" mission="mManager" />
    <norm id = "n2" role="writer" type="obligation" mission="mBib"        />
    <norm id = "n3" role="writer" type="obligation" mission="mCollaborator" />
  </normative-specification>
</organisational-specification>
```

以三个助理 Agent bob、alice 和 carol 为例，应用程序文件通过创建组实体 paper_group 来启动组织实体，Agent bob 在其中扮演 editor 角色，alice 和 carol 扮演 writer 角色。这个小组负责实现对应于 writePaperSch 的社会方案实体 s1。

```
mas writing_paper {

    agent bob
    agent alice
    agent carol

    organisation opaper: wp-os.xml {
        group paper_group: wpgroup {
            responsible-for: s1
            players: bob editor
                     alice writer
                     carol writer
        }
        scheme s1: writePaperSch
    }
}
```

这三个 Agent 有计划和信念，使它们服从于组织实体在执行全局过程中发布的义务。

练习 9.1

要添加一个新的 Agent 扮演房间控制者，我们可以简单地在应用程序文件中添加一个新的 Agent 条目，使这个新的 Agent 专注于 hvac 人工品并采用组实体 r1 中的角色 controller（控制者）。

```
agent second_rc : room_controller.asl {
  focus: room.hvac
  roles: controller in smart_house_org.r1
}
```

当我们运行该应用程序时，我们注意到以下错误信息。

```
[OrgArt] normative failure:
            fail(role_cardinality(controller,r1,2,1))
[second_rc] Error with initial role
            role(smart_house_org,"local",r1,controller)
```

这些消息表明，一些 Agent 正试图违反角色基数约束。为了改变角色基数，使两个 Agent 可以在同一个组实体中扮演角色控制者，我们必须改变结构性规格中组的角色定义中的 max 属性。

```
...
<role id="controller" min="1" max="2" />
...
```

当然，它只解决了规范性的失败。其他问题依旧会出现，因为系统还没有准备好在两个 Agent 扮演角色 controller（控制者）的情况下运行（例如，这两个 Agent 之间的协调）。事实上，将角色基数固定为 1 是为了确保只有一个房间控制者，从而防止这种问题的发生。

练习 9.2

按照目前应用程序文件中的代码，即使控制者的基数被设置为 < 0, 1 >，多 Agent 系统也会正常运行。正如应用程序文件中写的那样，有一个 Agent 采用了这个角色，因此一切运行正常。然而，如果我们运行的系统有可能没有 Agent 采用这个角色，那么最小的基数就得到了满足，因此可以认为这个组实体已经形成。这意味着社会方案实体可以被设定为由组负责，然后就可以开始执行。相反，如果 min=1，没有 Agent 扮演这个角色，那么小组就不能很好地形成，那么就不能对方案负责，方案就不能开始执行。因此，通过说明 min=1，我们保证方案在有房间控制者 Agent 参与的情况下开始执行。

练习 9.3

a）虽然 Agent 没有发送它的投票来实现 ballot 目标，但系统将正常运行并认为

Agent 已经完成了它对这个目标的义务！原因是如果 Agent 完成了它的计划，就认为目标已经实现。更多细节请见第 140 页的研究框。

b）尽管 Agent 实际上是通过 vote 行动来投票的，但 ballot 目标的义务从未得到履行！同样，如果 Agent 完成了计划，目标就实现了，而在这种情况下，显然，它永远不会完成！

练习 9.4

我们可以简单地添加以下计划，打印出已履行的义务：

```
+oblFulfilled(O)
  <- .print(O," is fulfilled").
```

统一可以用来进行适当的打印：

```
+oblFulfilled(obligation(Who,Condition,What,When))
  <- .print(Who," has fulfilled ",What).
```

参考文献

Acay, Daghan L., Liz Sonenberg, Alessandro Ricci, and Philippe Pasquier. 2009. How situated is your agent? A cognitive perspective. In *Programming Multi-Agent Systems, 6th International Workshop, ProMAS 2008, Estoril, Portugal, May 13, 2008. Revised invited and selected papers*, eds. Koen V. Hindriks, Alexander Pokahr, and Sebastian Sardiña. Vol. 5442 of *LNCS*, 136–151. Springer. https://doi.org/10.1007/978-3-642-03278-3_9.

Airiau, Stéphane, Lin Padgham, Sebastian Sardiña, and Sandip Sen. 2009. Enhancing the adaptation of BDI agents using learning techniques. *International Journal of Agent Technologies and Systems* 1 (2): 1–18. https://doi.org/10.4018/jats.2009040101.

Aldewereld, Huib, Olivier Boissier, Virginia Dignum, Pablo Noriega, and Julian Padget, eds. 2016. *Social coordination frameworks for social technical systems*. Vol. 30 of *Law, governance and technology series*. Springer. https://doi.org/10.1007/978-3-319-33570-4.

Argente, Estefania, Olivier Boissier, Carlos Carrascosa, Nicoletta Fornara, Peter McBurney, Pablo Noriega, Alessandro Ricci, Jordi Sabater q. Mir, Michael Ignaz Schumacher, Charalampos Tampitsikas, Kuldar Taveter, Giuseppe Vizzari, and George A. Vouros. 2013. The role of the environment in agreement technologies. *Artificial Intelligence Review* 39 (1): 21–38. https://doi.org/10.1007/s10462-012-9388-1.

Austin, John Langshaw. 1962. *How to do things with words*. Clarendon Press.

Baldoni, Matteo, Cristina Baroglio, Federico Capuzzimati, and Roberto Micalizio. 2016. Commitment-based agent interaction in JaCaMo+. *Fundamenta Informaticae* 21: 1001–1030. https://doi.org/10.3233/FI-2015-0000.

Balke, Tina, Célia da Costa Pereira, Frank Dignum, Emiliano Lorini, Antonino Rotolo, Wamberto Vasconcelos, and Serena Villata. 2013. Norms in MAS: Definitions and related concepts. In *Normative multi-agent systems*, eds. Giulia Andrighetto, Guido Governatori, Pablo Noriega, and Leendert W. N. van der Torre. Vol. 4 of *Dagstuhl follow-ups*, 1–31. Dagstuhl, Germany: Schloss Dagstuhl–Leibniz-Zentrum fuer Informatik. https://doi.org/10.4230/DFU.Vol4.12111.1.

Behrens, Tristan M., Mehdi Dastani, Jürgen Dix, Jomi Fred Hübner, Michael Köster, Peter Novák, and Federico Schlesinger. 2012. The multi-agent programming contest. *AI Magazine* 33 (4): 111–113. http://www.aaai.org/ojs/index.php/aimagazine/article/view/2439.

Behrens, Tristan M., Koen V. Hindriks, and Jürgen Dix. 2011. Towards an environment interface standard for agent platforms. *Annals of Mathematics and Artificial Intelligence* 61 (4): 261–295. https://doi.org/10.1007/s10472-010-9215-9.

Bellifemine, Fabio Luigi, Giovanni Caire, and Dominic Greenwood. 2007. *Developing multiagent systems with JADE. Wiley series in agent technology.* John Wiley & Sons.

Bellman, Richard. 1957. A Markovian decision process. *Journal of Mathematics and Mechanics* 6 (5): 679–684.

Berners-Lee, Tim, James Hendler, and Ora Lassila. 2001. The semantic web. *Scientific American* 284 (5): 34–43. http://www.sciam.com/article.cfm?articleID=00048144-10D2-1C70-84A9809EC588EF21.

Bernoux, P. 1985. *La sociologie des organisations*, 3ème ed. Seuil.

Boella, Guido, and Leendert van der Torre. 2006. Constitutive norms in the design of normative multiagent systems. In *Computational logic in multi-agent systems (CLIMA VI)*, eds. Francesca Toni and Paolo Torroni. Vol. 3900 of *LNCS*, 303–319. Springer. https://doi.org/10.1007/11750734_17.

Boella, Guido, and Leendert W. N. van der Torre. 2004. Regulative and constitutive norms in normative multiagent systems. In *Principles of Knowledge Representation and Reasoning: Proceedings of the Ninth International Conference (KR2004)*, 255–266.

Boissier, Olivier, Rafael Bordini, Jomi Fred Hübner, Alessandro Ricci, and Andrea Santi. 2013. Multi-agent oriented programming with JaCaMo. *Science of Computer Programming* 78 (6): 747–761. https://doi.org/10.1016/j.scico.2011.10.004.

Boissier, Olivier, Rafael H. Bordini, Jomi F. Hübner, and Alessandro Ricci. 2019. Dimensions in programming multi-agent systems. *The Knowledge Engineering Review* 34. https://doi.org/10.1017/S026988891800005X.

Bond, Alan H. 1990. A computational model for organizations of cooperating intelligent agents. In *Proceedings of the Conference on Office Information Systems (COIS90)*.

Booch, Grady, Robert Maksimchuk, Michael Engle, Bobbi Young, Jim Conallen, and Kelli Houston. 2007. *Object-oriented analysis and design with applications*, 3rd ed. Addison-Wesley Professional.

Bordini, Rafael H., Lars Braubach, Mehdi Dastani, Amal El Fallah-Seghrouchni, Jorge J. Gómez-Sanz, João Leite, Gregory M. P. O'Hare, Alexander Pokahr, and Alessandro Ricci. 2006. A survey of programming languages and platforms for multi-agent systems. *Informatica (Slovenia)* 30: 33–44.

Bordini, Rafael H., Mehdi Dastani, Jürgen Dix, and Amal El Fallah Seghrouchni, eds. 2005. *Multi-agent programming: Languages, platforms and applications. Multiagent systems, artificial societies, and simulated organizations.* Springer.

Bordini, Rafael H., Mehdi Dastani, Jürgen Dix, and Amal El Fallah Seghrouchni, eds. 2009. *Multi-agent programming: Languages, tools and applications.* Springer.

Bordini, Rafael H., Jomi Fred Hübner, and Michael Wooldridge. 2007. *Programming multiagent systems in AgentSpeak using Jason.* John Wiley & Sons.

Bordini, Rafael H., Amal El Fallah Sghrouchni, Koen Hindriks, Brian Logan, and Alessandro Ricci. 2019. Agent programming in the cognitive era. *Journal of Autonomous Agents and Multiagent Systems (forthcoming)*.

Bosello, Michael, and Alessandro Ricci. 2019. From programming agents to educating agents: A Jason-based framework for integrating learning in the development of cognitive agents. In *Engineering Multi-Agent Systems - 7th International Workshop, EMAS 2019, Montreal, May 11–12*.

Bratman, M. 1987. *Intention, plans, and practical reason*. Harvard University Press.

Bratman, Michael E., David J. Israel, and Martha E. Pollack. 1988. Plans and resource-bounded practical reasoning. *Computational Intelligence* 4: 349–355. https://doi.org/10.1111/j.1467-8640.1988.tb00284.x.

Bretier, Philippe, and M. David Sadek. 1996. A rational agent as the kernel of a cooperative spoken dialogue system: Implementing a logical theory of interaction. In *Intelligent Agents III, Agent Theories, Architectures, and Languages, ECAI '96 Workshop ATAL, Budapest, Hungary, August 12–13, 1996, Proceedings*, eds. Jörg P. Müller, Michael Wooldridge, and Nicholas R. Jennings. Vol. 1193 of *LNCS*, 189–203. Springer. https://doi.org/10.1007/BFb0013586.

Broersen, Jan, and Leendert van der Torre. 2012. Ten problems of deontic logic and normative reasoning in computer science, eds. Nick Bezhanishvili and Valentin Goranko, 55–88. Springer. https://doi.org/10.1007/978-3-642-31485-8_2.

Broersen, Jan M., Stephen Cranefield, Yehia Elrakaiby, Dov M. Gabbay, Davide Grossi, Emiliano Lorini, Xavier Parent, Leendert W. N. van der Torre, Luca Tummolini, Paolo Turrini, and François Schwarzentruber. 2013. Normative reasoning and consequence. In *Normative Multi-Agent Systems*, 33–70. https://doi.org/10.4230/DFU.Vol4.12111.33.

Bromuri, S., and K. Stathis. 2008. Situating cognitive agents in GOLEM. In *Engineering Environment-Mediated Multi-Agent Systems*, eds. D. Weyns, S. Brueckner, and Y. Demazeau. Vol. 5049 of *LNCS*, 115–134. Springer.

Busetta, Paolo, Nicholas Howden, Ralph Rönnquist, and Andrew Hodgson. 1999. Structuring BDI agents in functional clusters. In *Intelligent Agents VI, Agent Theories, Architectures, and Languages, 6th International Workshop (ATAL '99), Orlando, Florida, USA, July 15–17, 1999, Proceedings*, eds. Nicholas R. Jennings and Yves Lespérance. Vol. 1757 of *LNCS*, 277–289. Springer. https://doi.org/10.1007/10719619_21.

Cardoso, Rafael C., and Rafael H. Bordini. 2017. A modular framework for decentralised multi-agent planning. In *Proceedings of the 16th Conference on Autonomous Agents and MultiAgent Systems. AAMAS 17*, 1487–1489. International Foundation for Autonomous Agents and Multiagent Systems.

Cardoso, Rafael C., and Rafael H. Bordini. 2019. Decentralised planning for multi-agent programming platforms. In *Proceedings of the 18th International Conference on Autonomous Agents and MultiAgent Systems, AAMAS '19, Montreal, Canada, May 13–17, 2019*, eds. Edith Elkind, Manuela Veloso, Noa Agmon, and Matthew E. Taylor, 799–818. http://dl.acm.org/citation.cfm?id=3331771.

Chalupsky, Hans, Yolanda Gil, Craig A. Knoblock, Kristina Lerman, Jean Oh, David V. Pynadath, Thomas A. Russ, and Milind Tambe. 2001. Electric elves: Applying agent technology to support human organizations. In *Proceedings of the Thirteenth Conference on Innovative Applications of Artificial Intelligence Conference*, 51–58. AAAI Press. http://dl.acm.org/citation.cfm?id=645453.652996.

Cheng, Betty H., Rogério Lemos, Holger Giese, Paola Inverardi, Jeff Magee, Jesper Andersson, Basil Becker, Nelly Bencomo, Yuriy Brun, Bojan Cukic, Giovanna Marzo Serugendo, Schahram Dustdar, Anthony Finkelstein, Cristina Gacek, Kurt Geihs, Vincenzo Grassi, Gabor Karsai, Holger M. Kienle, Jeff Kramer, Marin Litoiu, Sam Malek, Raffaela Mirandola,

Hausi A. Müller, Sooyong Park, Mary Shaw, Matthias Tichy, Massimo Tivoli, Danny Weyns, and Jon Whittle. 2009. *Software engineering for self-adaptive systems*, eds. Betty H. Cheng, Rogério Lemos, Holger Giese, Paola Inverardi, and Jeff Magee, 1–26. Springer. https://doi.org/10.1007/978-3-642-02161-9_1. Chap. Software Engineering for Self-Adaptive Systems: A Research Roadmap.

Ciancarini, Paolo. 1996. Coordination models and languages as software integrators. *ACM Computing Surveys* 28 (2): 300–302. https://doi.org/10.1145/234528.234732.

Ciortea, Andrei, Olivier Boissier, and Alessandro Ricci. 2019. Engineering world-wide multi-agent systems with hypermedia. In *Engineering Multi-Agent Systems - 6th International Workshop, EMAS 2018, Stockholm, Sweden, July 14–15, 2018, revised selected papers*, eds. Danny Weyns, Viviana Mascardi, and Alessandro Ricci. Vol. 11375 of *LNCS*, 285–301. Springer. https://doi.org/10.1007/978-3-030-25693-7_15.

Ciortea, Andrei, Simon Mayer, Fabien L. Gandon, Olivier Boissier, Alessandro Ricci, and Antoine Zimmermann. 2019. A decade in hindsight: The missing bridge between multi-agent systems and the world wide web. In *Proceedings of the 18th International Conference on Autonomous Agents and MultiAgent Systems, AAMAS'19, Montreal, Canada, May 13–17, 2019*, eds. Edith Elkind, Manuela Veloso, Noa Agmon, and Matthew E. Taylor, 1659–1663. http://dl.acm.org/citation.cfm?id=3331893.

Ciortea, Andrei, Simon Mayer, and Florian Michahelles. 2018. Repurposing manufacturing lines on the fly with multi-agent systems for the web of things. In *Proceedings of the 17th International Conference on Autonomous Agents and MultiAgent Systems, AAMAS 2018, Stockholm, Sweden, July 10–15, 2018*, eds. Elisabeth André, Sven Koenig, Mehdi Dastani, and Gita Sukthankar, 813–822. International Foundation for Autonomous Agents and Multiagent Systems. http://dl.acm.org/citation.cfm?id=3237504.

Cohen, Philip R., and Hector J. Levesque. 1990. Intention is choice with commitment. *Artificial Intelligence* 42 (2-3): 213–261. https://doi.org/10.1016/0004-3702(90)90055-5.

Collier, R., S. Russell, and D. Lillis. 2015. Exploring AOP from an OOP perspective. In *Proceedings of the 5th International Workshop on Programming based on Actors, Agents and Decentralized Control (held at SPLASH 2014)*.

Corkill, Daniel D., and Victor R. Lesser. 1983. The use of meta-level control for coordination in distributed problem solving network. In *Proceedings of the 8th International Joint Conference on Artificial Intelligence (IJCAI'83)*, ed. Alan Bundy, 748–756. William Kaufmann.

Cossentino, Massimo, Salvatore Gaglio, Alfredo Garro, and Valeria Seidita. 2007. Method fragments for agent design methodologies: From standardisation to research. *International Journal of Agent-Oriented Software Engineering* 1 (1): 91–121. https://doi.org/10.1504/IJAOSE.2007.013266.

Coutinho, Luciano R., Jaime S. Sichman, and Olivier Boissier. 2009. Modelling dimensions for agent organizations. In *Handbook of research on multi-agent systems: Semantics and dynamics of organizational models*, 18–50. IGI Global.

Criado, Natalia, Estefania Argente, and Vicente Botti. 2011. THOMAS: An agent platform for supporting normative multi-agent systems. *Journal of Logic and Computation* 23 (2): 309–333. https://doi.org/10.1093/logcom/exr025.

Croatti, Angelo, Sara Montagna, Alessandro Ricci, Emiliano Gamberini, Vittorio Albarello, and Vanni Agnoletti. 2018. BDI personal medical assistant agents: The case of trauma tracking and alerting. *Artificial Intelligence in Medicine*. https://doi.org/10.1016/j.artmed.2018.12.002.

Dastani, Mehdi. 2008. 2apl: a practical agent programming language. *Autonomous Agents and Multi-Agent Systems* 16 (3): 214–248. https://doi.org/10.1007/s10458-008-9036-y.

Dastani, Mehdi, Nick Tinnemeier, and John-Jules CH. Meyer. 2009. A programming language for normative multi-agent systems. In *Multi-agent systems: semantics and dynamics of organizational models*, ed. Virginia Dignum. Information Science Reference.

de Brito, Maiquel, Jomi Fred Hübner, and Olivier Boissier. 2017. Architecture of an institutional platform for multi-agent systems. In *PRIMA 2017: Principles and Practice of Multi-Agent Systems - 20th International Conference, Nice, France, October 30 – November 3, 2017, Proceedings*, eds. Bo An, Ana L. C. Bazzan, João Leite, Serena Villata, and Leendert W. N. van der Torre. Vol. 10621 of *LNCS*, 313–329. Springer. https://doi.org/10.1007/978-3-319-69131-2_19.

de Brito, Maiquel, Jomi Fred Hübner, and Olivier Boissier. 2018. Situated artificial institutions: stability, consistency, and flexibility in the regulation of agent societies. *Autonomous Agents and Multi-Agent Systems* 32 (2): 219–251. https://doi.org/10.1007/s10458-017-9379-3.

Demazeau, Yves. 1995. From interactions to collective behaviour in agent-based systems. In *Proceedings of the 1st. European Conference on Cognitive Science*, 117–132.

Demazeau, Yves, and Antônio Carlos da Rocha Costa. 1996. Populations and organizations in open multi-agent systems. In *PDAI 96 - 1st National Symposium on Parallel and Distributed AI*.

Dennett, Daniel C. 1987. *The intentional stance*. MIT Press.

Dignum, Virginia. 2009. *Handbook of research on multi-agent systems: Semantics and dynamics of organizational models: Semantics and dynamics of organizational models*. IGI Global.

Dignum, Virginia, Javier Vazquez-Salceda, and Frank Dignum. 2004. OMNI: Introducing social structure, norms and ontologies into agent organizations. In *Proceedings of the Programming Multi-Agent Systems (ProMAS 2004)*, eds. Rafael H. Bordini, Mehdi Dastani, Jürgen Dix, and Amal El Fallah-Seghrouchni. Vol. 3346 of *LNAI*. Springer.

Drogoul, Alexis, Bruno Corbara, and Steffen Lalande. 1995. MANTA: New experimental results on the emergence of (artificial) ant societies. In *Artificial Societies: the Computer Simulation of Social Life*, eds. Nigel Gilbert and Rosaria Conte, 119–221. UCL Press.

Esteva, Marc, Juan A. Rodriguez-Aguiar, Carles Sierra, Pere Garcia, and Josep L. Arcos. 2001. On the formal specification of electronic institutions. In *Proceedings of the Agent-mediated Electronic Commerce*, eds. Frank Dignum and Carles Sierra. Vol. 1191 of *LNAI*, 126–147. Springer.

Esteva, Marc, Juan A. Rodríguez-Aguilar, Bruno Rosell, and Josep L. Arcos. 2004. AMELI: An agent-based middleware for electronic institutions. In *Proceedings of the Third International Joint Conference on Autonomous Agents and Multi-Agent Systems (AAMAS 2004)*, eds. Nicholas R. Jennings, Carles Sierra, Liz Sonenberg, and Milind Tambe, 236–243. ACM.

Evans. 2003. *Domain-driven design: Tackling complexity in the heart of software*. Addison-Wesley Longman.

Ferber, Jacques. 1999. *Multi-agent systems: An introduction to distributed artificial intelligence*, 1st ed. Addison-Wesley Longman.

Ferber, Jacques, and Olivier Gutknecht. 1998. A meta-model for the analysis and design of organizations in multi-agents systems. In *Proceedings of the 3rd International Conference on Multi-Agent Systems (ICMAS 98)*, ed. Yves Demazeau, 128–135. IEEE Press.

Finin, Tim, Richard Fritzson, Don McKay, and Robin McEntire. 1994. KQML as an agent communication language. In *Proc. of the Third International Conference on Information and Knowledge Management. CIKM '94*, 456–463. ACM. https://doi.org/10.1145/191246.191322.

Fisher, Michael. 1993. Concurrent MetateM - A language for modelling reactive systems. In *PARLE '93, Parallel Architectures and Languages Europe, 5th International PARLE Conference, 1993, Proc.*, eds. Arndt Bode, Mike Reeve, and Gottfried Wolf. Vol. 694 of *LNCS*, 185–196. Springer. https://doi.org/10.1007/3-540-56891-3_15.

Foundation for Intelligent Physical Agents. 2000. *FIPA ACL message structure specification*. FIPA. http://www.fipa.org.

Fox, Mark S. 1981. An organizational view of distributed systems. *IEEE Transactions on Systems, Man, and Cybernetics* 11 (1): 70–80.

Freitas, Artur, Alison R. Panisson, Lucas Hilgert, Felipe Meneguzzi, Renata Vieira, and Rafael H. Bordini. 2015. Integrating ontologies with multi-agent systems through cartago artifacts. In *IEEE/WIC/ACM International Conference on Web Intelligence and Intelligent Agent Technology, WI-IAT 2015, Singapore, December 6–9, 2015 - Volume II*, 143–150. https://doi.org/10.1109/WI-IAT.2015.116.

Gasser, Les. 2001. Perspectives on organizations in multi-agent systems. In *Multi-agents systems and applications*, 1–16. Springer.

Gasser, Les, Nicholas F. Rouquette, Randall W. Hill, and John Lieb. 1989. Representing and using organizational knowledge in distributed AI systems. In *Distributed artificial intelligence*, eds. Les Gasser and Michael N. Huhns, Vol. 2, 55–79. Morgan Kaufmann. Chap. 3.

Gelernter, David. 1991. *Mirror worlds or the day software puts the universe in a shoebox: How will it happen and what it will mean*. Oxford University Press.

Georgeff, Michael P., and François Felix Ingrand. 1989. Decision-making in an embedded reasoning system. In *Proceedings of the 11th International Joint Conference on Artificial Intelligence. Detroit, MI, USA, August 1989*, ed. N. S. Sridharan, 972–978. Morgan Kaufmann. http://ijcai.org/Proceedings/89-2/Papers/020.pdf.

Georgeff, Michael P., and Amy L. Lansky. 1987. Reactive reasoning and planning. In *Proceedings of the 6th National Conference on Artificial Intelligence. Seattle, WA, USA, July 1987.*, eds. Kenneth D. Forbus and Howard E. Shrobe, 677–682. Morgan Kaufmann. http://www.aaai.org/Library/AAAI/1987/aaai87-121.php.

Geraci, Anne, Freny Katki, Louise McMonegal, Bennett Meyer, John Lane, Paul Wilson, Jane Radatz, Mary Yee, Hugh Porteous, and Fredrick Springsteel. 1991. *IEEE standard computer dictionary: Compilation of IEEE standard computer glossaries*. IEEE Press.

Ghallab, Malik, Dana S. Nau, and Paolo Traverso. 2016. *Automated planning and acting*. Cambridge University Press.

Ghose, Aditya, Nir Oren, Pankaj Telang, and John Thangarajah, eds. 2015. Coordination, organizations, institutions, and norms in agent systems X. Vol. 9372 of *LNAI*. Springer. https://doi.org/10.1007/978-3-319-25420-3.

Governatori, Guido, Michael J. Maher, Grigoris Antoniou, and David Billington. 2004. Argumentation semantics for defeasible logic. *Journal of Logic and Computation* 14 (5): 675–702.

Guerra-Hernández, Alejandro, Amal El Fallah-Seghrouchni, and Henry Soldano. 2004. Learning in BDI multi-agent systems. In *Computational Logic in Multi-Agent Systems, 4th International Workshop, CLIMA IV, Fort Lauderdale, FL, USA, January 6–7, 2004. Revised selected and invited papers*, eds. Jürgen Dix and João Alexandre Leite. Vol. 3259 of *LNCS*, 218–233. Springer. https://doi.org/10.1007/978-3-540-30200-1_12.

Gutknecht, Olivier, and Jacques Ferber. 2000. The MadKit agent platform architecture. In *Agents Workshop on Infrastructure for Multi-Agent Systems*, 48–55.

Hannoun, Mahdi, Olivier Boissier, Jaime Simão Sichman, and Claudette Sayettat. 2000. MOISE: an organizational model for multi-agent systems. In *Advances in Artificial Intelligence, International Joint Conference, 7th Ibero-American Conference on AI, 15th Brazilian Symposium on AI, IBERAMIA-SBIA 2000, Atibaia, SP, Brazil, November 19–22, 2000, Proceedings*, eds. Maria Carolina Monard and Jaime Simão Sichman. Vol. 1952 of *LNCS*, 156–165. Springer. https://doi.org/10.1007/3-540-44399-1_17.

Henderson-Sellers, Brian, and Paolo Giorgini, eds. 2005. *Agent-oriented methodologies*. IGI Global.

Hendler, James. 2001. Agents and the semantic web. *IEEE Intelligent Systems* 16 (2): 30–37. https://doi.org/10.1109/5254.920597.

Herzig, Andreas, Laurent Perrussel, and Zhanhao Xiao. 2016. On hierarchical task networks. In *Logics in Artificial Intelligence - 15th European Conference, JELIA 2016, Larnaca, Cyprus, November 9–11, 2016, Proceedings*, eds. Loizos Michael and Antonis C. Kakas. Vol. 10021 of *LNCS*, 551–557. https://doi.org/10.1007/978-3-319-48758-8_38.

Hewitt, Carl, and Peter De Jong. 1984. Open systems. In *On conceptual modelling*, 147–164. Springer.

Hindriks, Koen V. 2009. Programming rational agents in GOAL. In *Multi-Agent Programming*, eds. Rafael H. Bordini, Mehdi Dastani, Jürgen Dix, and Amal El Fallah Seghrouchni. *Multiagent systems, artificial societies, and simulated organizations*, 119–157. Springer.

Hindriks, Koen V.. 2012. Debugging is explaining. In *Proc. of PRIMA 2012, Int. Conf. on Principles and Practice of Multi-Agent Systems*. Vol. 7455 of *LNCS*, 31–45. Springer. https://doi.org/10.1007/978-3-642-32729-2_3.

Hindriks, Koen V., Frank S. de Boer, Wiebe van der Hoek, and John-Jules Ch. Meyer. 1997. Formal semantics for an abstract agent programming language. In *Intelligent Agents IV, Agent Theories, Architectures, and Languages, 4th International Workshop, ATAL '97, Providence, Rhode Island, USA, 1997, Proc.*, eds. Munindar P. Singh, Anand S. Rao, and Michael J. Wooldridge. Vol. 1365 of *LNCS*, 215–229. Springer. https://doi.org/10.1007/BFb0026761.

Hindriks, Koen V., and Jürgen Dix. 2014. GOAL: A multi-agent programming language applied to an exploration game. In *Agent-Oriented Software Engineering - Reflections on Architectures, Methodologies, Languages, and Frameworks*, eds. Onn Shehory and Arnon Sturm, 235–258. Springer.

Hübner, Jomi Fred, Olivier Boissier, and Rafael H Bordini. 2011. A normative programming language for multi-agent organisations. *Annals of Mathematics and Artificial Intelligence* 62 (1-2): 27–53. https://doi.org/10.1007/s10472-011-9251-0.

Hübner, Jomi Fred, Olivier Boissier, Rosine Kitio, and Alessandro Ricci. 2010. Instrumenting multi-agent organisations with organisational artifacts and agents: Giving the organisational power back to the agents. *Journal of Autonomous Agents and Multi-Agent Systems* 20 (3): 369–400. https://doi.org/10.1007/s10458-009-9084-y.

Hübner, Jomi Fred, Jaime Simão Sichman, and Olivier Boissier. 2002. A model for the structural, functional, and deontic specification of organizations in multiagent systems. In *Proceedings of the 16th Brazilian Symposium on Artificial Intelligence (SBIA'02)*, eds. Guilherme Bittencourt and Geber L. Ramalho. Vol. 2507 of *LNAI*, 118–128. https://doi.org/10.1007/3-540-36127-8_12.

Hübner, Jomi Fred, Jaime Simão Sichman, and Olivier Boissier. 2004. Using the Moise+ for a cooperative framework of MAS reorganisation. In *Brazilian Symposium on Artificial Intelligence*, 506–515. Springer.

Hübner, Jomi Fred, Jaime Simão Sichman, and Olivier Boissier. 2007. Developing organised multiagent systems using the MOISE+ model: programming issues at the system and agent levels. *International Journal of Agent-Oriented Software Engineering* 1 (3-4): 370–395.

Huhns, Michael N., and Munindar P. Singh. 2005. Service-oriented computing: Key concepts and principles. *IEEE Internet Computing* 9 (1): 75–81. https://doi.org/10.1109/MIC.2005.21.

Iglesias, Carlos A., Mercedes Garijo, and José C. González. 1999. A survey of agent-oriented methodologies. In *Proceedings of the 5th International Workshop on Intelligent Agents V, Agent Theories, Architectures, and Languages*, eds. Jörg P. Müller, Anand S. Rao, and Munindar P. Singh. *ATAL'98*, 317–330. Springer.

Jennings, Nicholas R. 2000. On agent-based software engineering. *Artificial Intelligence* 117 (2): 277–296. https://doi.org/10.1016/S0004-3702(99)00107-1.

Jennings, Nicholas R. 2001. An agent-based approach for building complex software systems. *Communications of the ACM* 44 (4): 35–41. https://doi.org/10.1145/367211.367250.

Jennings, N. R., L. Moreau, D. Nicholson, S. Ramchurn, S. Roberts, T. Rodden, and A. Rogers. 2014. Human-agent collectives. *Communications of the ACM* 57 (12): 80–88. https://doi.org/10.1145/2629559.

Klapiscak, Thomas, and Rafael H. Bordini. 2009. JASDL: A practical programming approach combining agent and semantic web technologies. In *Declarative Agent Languages and Technologies VI*, eds. Matteo Baldoni, Tran Cao Son, M. Birna van Riemsdijk, and Michael Winikoff, 91–110. Springer.

Lespérance, Yves, Hector J. Levesque, Fangzhen Lin, Daniel Marcu, Raymond Reiter, and Richard B. Scherl. 1996. Foundations of a logical approach to agent programming. In *Intelligent Agents II, Agent Theories, Architectures, and Languages, IJCAI'95, Workshop ATAL, Montreal, Canada, August 19–20, 1995, Proceedings*, eds. Michael Wooldridge, Jörg P. Müller, and Milind Tambe. Vol. 1037 of *LNCS*, 331–346. Springer. https://doi.org/10.1007/3540608052_76.

Li, Cuihong, Joseph A. Giampapa, and Katia P. Sycara. 2006. Bilateral negotiation decisions with uncertain dynamic outside options. *IEEE Transactions Systems, Man, and Cybernetics, Part C* 36 (1): 31–44. https://doi.org/10.1109/TSMCC.2005.860573.

Lieberman, Henry. 2006. The continuing quest for abstraction. In *Proceedings of the 20th European Conference on Object-Oriented Programming. ECOOP'06*, 192–197. Springer. https://doi.org/10.1007/11785477_12.

Logan, Brian, John Thangarajah, and Neil Yorke-Smith. 2017. Progressing intention progression: A call for a goal-plan tree contest. In *Proceedings of the 16th Conference on Autonomous Agents and MultiAgent Systems, AAMAS 2017, São Paulo, Brazil, May 8–12, 2017*, eds. Kate Larson, Michael Winikoff, Sanmay Das, and Edmund H. Durfee, 768–772. ACM. http://dl.acm.org/citation.cfm?id=3091234.

Maes, Pattie. 1994. Agents that reduce work and information overload. *Communications of the ACM* 37 (7): 30–40. https://doi.org/10.1145/176789.176792.

Malone, Thomas W. 1999. Tools for inventing organizations: Toward a handbook of organizational process. *Management Science* 45 (3): 425–443.

Mascardi, Viviana, Davide Ancona, Matteo Barbieri, Rafael H. Bordini, and Alessandro Ricci. 2014. CooL-AgentSpeak: Endowing AgentSpeak-DL agents with plan exchange and ontology services. *Web Intelligence and Agent Systems* 12 (1): 83–107. https://doi.org/10.3233/WIA-140287.

Mayfield, James, Yannis Labrou, and Timothy W. Finin. 1996. Evaluation of KQML as an agent communication language. In *Intelligent Agents II, Agent Theories, Architectures, and Languages, IJCAI '95, Workshop ATAL, Montreal, Canada, August 19–20, 1995, Proceedings*, eds. Michael Wooldridge, Jörg P. Müller, and Milind Tambe. Vol. 1037 of *LNCS*, 347–360. Springer. https://doi.org/10.1007/3540608052_77.

Melo, Victor S., Alison R. Panisson, and Rafael H. Bordini. 2016. Argumentation-based reasoning using preferences over sources of information: (extended abstract). In *Proceedings of the 2016 International Conference on Autonomous Agents & Multiagent Systems, Singapore, May 9–13, 2016*, eds. Catholijn M. Jonker, Stacy Marsella, John Thangarajah, and Karl Tuyls, 1337–1338. ACM. http://dl.acm.org/citation.cfm?id=2937148.

Meyer, Bertrand. 1997. *Object-oriented software construction*, 2nd ed. Prentice-Hall.

Modi, Pragnesh Jay, Manuela Veloso, Stephen F. Smith, and Jean Oh. 2005. Cmradar: A personal assistant agent for calendar management. In *Proceedings of the 6th International Conference on Agent-Oriented Information Systems II. AOIS 04*, 169–181. Springer. https://doi.org/10.1007/11426714_12.

Morin, E. 1977. *La méthode (1) : la nature de la nature*. Points Seuil.

Morris, Edwin, Linda Levine, Craig Meyers, Pat Place, and Dan Plakosh. 2004. System of systems interoperability (SOSI): final report, Technical report, DTIC Document.

Newell, Allen. 1982. The knowledge level. *Artificial Intelligence* 18 (1): 87–127. https://doi.org/10.1016/0004-3702(82)90012-1.

Nielsen, Claus Ballegaard, Peter Gorm Larsen, John Fitzgerald, Jim Woodcock, and Jan Peleska. 2015. Systems of systems engineering: Basic concepts, model-based techniques, and research directions. *ACM Computing Surveys* 48 (2): 18–11841. https://doi.org/10.1145/2794381.

Nute, Donald. 1993. *Defeasible Prolog. Artificial intelligence programs*. University of Georgia.

Nute, Donald. 2001. Defeasible logic. In *Handbook of Logic in Artificial Intelligence and Logic Programming*, 353–395. Oxford University Press.

Okuyama, Fabio Yoshimitsu, Rafael H. Bordini, and Antônio Carlos da Rocha Costa. 2013. Situated normative infrastructures: the normative object approach. *Journal of Logic and Computation* 23 (2): 397–424. https://doi.org/10.1093/logcom/exr029.

Ortiz-Hernández, Gustavo, Jomi Fred Hübner, Rafael H. Bordini, Alejandro Guerra-Hernández, Guillermo J. Hoyos-Rivera, and Nicandro Cruz-Ramírez. 2016. A namespace approach for modularity in BDI programming languages. In *Engineering Multi-Agent Systems - 4th International Workshop, EMAS 2016, Singapore, Singapore, May 9–10, 2016. Revised selected and invited papers*, eds. Matteo Baldoni, Jörg P. Müller, Ingrid Nunes, and Rym Zalila q. Wenkstern. Vol. 1 0093 of *LNCS*, 117–135. https://doi.org/10.1007/978-3-319-50983-9_7.

Ossowski, Sascha. 2012. *Agreement technologies*, Vol. 8. Springer.

Padgham, Lin, and Michael Winikoff. 2003. Prometheus: A methodology for developing intelligent agents. In *Proc. of the 3rd International Conference on Agent-oriented Software Engineering III. AOSE'02*, 174–185. Springer. http://dl.acm.org/citation.cfm?id=1754726.1754744.

Padgham, Lin, and Michael Winikoff. 2004. *Developing intelligent agent systems: A practical guide*. John Wiley & Sons.

Panisson, Alison R., Asad Ali, Peter McBurney, and Rafael H. Bordini. 2018a. Argumentation schemes for data access control. In *Computational Models of Argument - Proceedings of COMMA 2018, Warsaw, Poland, September 12–14, 2018*, eds. Sanjay Modgil, Katarzyna Budzynska, and John Lawrence. Vol. 305 of *Frontiers in artificial intelligence and applications*, 361–368. IOS Press. https://doi.org/10.3233/978-1-61499-906-5-361.

Panisson, Alison R., and Rafael H. Bordini. 2016. Knowledge representation for argumentation in agent-oriented programming languages. In *5th Brazilian Conference on Intelligent Systems, BRACIS 2016, Recife, Brazil, October 9–12, 2016*, 13–18. IEEE Computer Society. https://doi.org/10.1109/BRACIS.2016.014. SBC.

Panisson, Alison R., and Rafael H. Bordini. 2017a. Argumentation schemes in multi-agent systems: A social perspective. In *Engineering Multi-Agent Systems - 5th International Workshop, EMAS 2017, São Paulo, Brazil, May 8–9, 2017, revised selected papers*, eds. Kate Larson, Michael Winikoff, Sanmay Das, and Edmund H. Durfee, 92–108. ACM. https://doi.org/10.1007/978-3-319-91899-0_6.

Panisson, Alison R., and Rafael H. Bordini. 2017b. Uttering only what is needed: Enthymemes in multi-agent systems. In *Proceedings of the 16th Conference on Autonomous Agents and MultiAgent Systems, AAMAS 2017, São Paulo, Brazil, May 8–12, 2017*, eds. Kate Larson, Michael Winikoff, Sanmay Das, and Edmund H. Durfee, 1670–1672. ACM. http://dl.acm.org/citation.cfm?id=3091399.

Panisson, Alison R., Artur Freitas, Daniela Schmidt, Lucas Hilgert, Felipe Meneguzzi, Renata Vieira, and Rafael H. Bordini. 2015a. Arguing About Task Reallocation Using Ontological Information in Multi-Agent Systems. In *12th International Workshop on Argumentation in Multiagent Systems (ArgMAS)*.

Panisson, Alison R., Felipe Meneguzzi, Moser Silva Fagundes, Renata Vieira, and Rafael H. Bordini. 2014. Formal semantics of speech acts for argumentative dialogues. In *International conference on Autonomous Agents and Multi-Agent Systems, AAMAS '14, Paris, France, May 5–9, 2014*, eds. Ana L. C. Bazzan, Michael N. Huhns, Alessio Lomuscio, and Paul Scerri, 1437–1438. IFAAMAS/ACM. http://dl.acm.org/citation.cfm?id=2617511.

Panisson, Alison R., Felipe Meneguzzi, Renata Vieira, and Rafael H. Bordini. 2015b. Towards practical argumentation-based dialogues in multi-agent systems. In *IEEE/WIC/ACM International Conference on Web Intelligence and Intelligent Agent Technology, WI-IAT 2015, Singapore, December 6–9, 2015 - Volume II*, 151–158. https://doi.org/10.1109/WI-IAT.2015.208.

Panisson, Alison R., Simon Parsons, Peter McBurney, and Rafael H. Bordini. 2018b. Choosing appropriate arguments from trustworthy sources. In *Computational Models of Argument - Proceedings of COMMA 2018, Warsaw, Poland, September 12–14, 2018*, eds. Sanjay Modgil, Katarzyna Budzynska, and John Lawrence. Vol. 305 of *Frontiers in artificial intelligence and applications*, 345–352. IOS Press. https://doi.org/10.3233/978-1-61499-906-5-345.

Pattison, H. Edward, Daniel D. Corkill, and Victor R. Lesser. 1987. Instantiating description of organizational structures. In *Distributed artificial intelligence*, ed. Michael N. Huhns, Vol. 1, 59–96. Morgan Kaufmann. Chap. 3.

Piunti, Michele, Alessandro Ricci, Olivier Boissier, and Jomi Fred Hübner. 2009. Embodying organisations in multi-agent work environments. In *Proceedings of the 2009 IEEE/WIC/ACM International Conference on Intelligent Agent Technology, IAT 2009, Milan, Italy, September 15–18 2009*, 511–518. IEEE Computer Society. https://doi.org/10.1109/WI-IAT.2009.204.

Pokahr, Alexander, Lars Braubach, and Winfried Lamersdorf. 2005. Jadex: A BDI reasoning engine. In *Multi-Agent Programming*, eds. Rafael H. Bordini, Mehdi Dastani, Jürgen Dix, and Amal El Fallah Seghrouchni. *Multiagent systems, artificial societies, and simulated organizations*, 149–174. Springer.

Pynadath, David V., and Milind Tambe. 2003. An automated teamwork infrastructure for heterogeneous software agents and humans. *Autonomous Agents and Multi-Agent Systems* 7 (1-2): 71–100.

Ramirez, Wulfrano Arturo Luna, and Maria Fasli. 2017. Plan acquisition in a BDI agent framework through intentional learning. In *Multiagent System Technologies - 15th German Conference, MATES 2017, Leipzig, Germany, August 23–26, 2017, Proceedings*, eds. Jan Ole Berndt, Paolo Petta, and Rainer Unland. Vol. 10413 of *LNCS*, 167–186. Springer. https://doi.org/10.1007/978-3-319-64798-2_11.

Rao, Anand S. 1996. AgentSpeak(L): BDI agents speak out in a logical computable language. In *Agents Breaking Away, 7th European Workshop on Modelling Autonomous Agents in a Multi-Agent World, Eindhoven, The Netherlands, 1996, Proc.*, eds. Walter Van de Velde and John W. Perram. Vol. 1038 of *LNCS*, 42–55. Springer. https://doi.org/10.1007/BFb0031845.

Ricci, Alessandro, Andrea Omicini, Mirko Viroli, Luca Gardelli, and Enrico Oliva. 2007. Cognitive stigmergy: Towards a framework based on agents and artifacts. In *Environments for multi-agent systems III*, eds. Danny Weyns, H. Van Dyke Parunak, and Fabien Michel, 124–140. Springer.

Ricci, Alessandro, Michele Piunti, L. Daghan Acay, Rafael H. Bordini, Jomi F. Hübner, and Mehdi Dastani. 2008. Integrating heterogeneous agent programming platforms within artifact-based environments. In *Proc. of the 7th International Joint Conference on Autonomous Agents and Multiagent Systems. AAMAS 2008*, 225–232. IFAAMAS. http://dl.acm.org/citation.cfm?id=1402383.1402419.

Ricci, Alessandro, Michele Piunti, and Mirko Viroli. 2010. Environment programming in multi-agent systems: an artifact-based perspective. *Autonomous Agents and Multi-Agent Systems* 23 (2): 158–192. https://doi.org/10.1007/s10458-010-9140-7.

Ricci, Alessandro, Michele Piunti, Mirko Viroli, and Andrea Omicini. 2009. Multi-agent programming: Languages, tools and applications, eds. Amal El Fallah Seghrouchni, Jürgen Dix, Mehdi Dastani, and Rafael Bordini, 259–288. Springer. https://doi.org/10.1007/978-0-387-89299-3_8.

Ricci, Alessandro, Juan A. Rodriguez-Aguilar, Ander Pijoan, and Franco Zambonelli. 2015. Mixed environments for MAS: Bringing humans in the loop. In *Agent Environments for multi-agent systems IV*, eds. Danny Weyns and Fabien Michel, 52–60. Springer.

Ricci, Alessandro, Luca Tummolini, and Cristiano Castelfranchi. 2019. Augmented societies with mirror worlds. *AI and Society* 34 (4): 745–752. https://doi.org/10.1007/s00146-017-0788-2.

Ricci, Alessandro, Mirko Viroli, and Andrea Omicini. 2006. Programming MAS with artifacts. In *Programming Multi-Agent Systems*, eds. Rafael H. Bordini, Mehdi M. Dastani, Jürgen Dix, and Amal El Fallah Seghrouchni, 206–221. Springer.

Rodriguez, Sebastian, Nicolas Gaud, and Stéphane Galland. 2014. SARL: A general-purpose agent-oriented programming language. In *2014 IEEE/WIC/ACM International Joint Conferences on Web Intelligence (WI) and Intelligent Agent Technologies (IAT), Warsaw, Poland, August 11–14, 2014 - Volume III*, 103–110. IEEE Computer Society. https://doi.org/10.1109/WI-IAT.2014.156.

Russell, Sean Edward, Gregory M. P. O'Hare, and Rem W. Collier. 2015. Agent-oriented programming languages as a high-level abstraction facilitating the development of intelligent behaviours for component-based applications. In *PRIMA 2015: Principles and Practice of Multi-Agent Systems - 18th International Conference, Bertinoro, Italy, 2015, Proc.*, eds. Qingliang Chen, Paolo Torroni, Serena Villata, Jane Yung q. jen Hsu, and Andrea Omicini. Vol. 9387 of *LNCS*, 501–509. Springer. https://doi.org/10.1007/978-3-319-25524-8_32.

Russell, Stuart, and Peter Norvig. 2003. *Artificial intelligence, a modern approach*, 2nd ed. Prentice Hall.

Sardiña, Sebastian, and Lin Padgham. 2011. A BDI agent programming language with failure handling, declarative goals, and planning. 23 (1): 18–70. https://doi.org/10.1007/s10458-010-9130-9.

Sardiña, Sebastian, Lavindra de Silva, and Lin Padgham. 2006. Hierarchical planning in BDI agent programming languages: a formal approach. In *5th International Joint Conference on Autonomous Agents and Multiagent Systems (AAMAS 2006), Hakodate, Japan, May 8–12, 2006*, eds. Hideyuki Nakashima, Michael P. Wellman, Gerhard Weiss, and Peter Stone, 1001–1008. ACM. https://doi.org/10.1145/1160633.1160813.

Scerri, Paul, David V. Pynadath, and Milind Tambe. 2002. Towards adjustable autonomy for the real world. *Journal of Artificial Intelligence Research* 17 (1): 171–228. http://dl.acm.org/citation.cfm?id=1622810.1622816.

Searle, John. 1969. *Speech acts*. Cambridge University Press.

Searle, John. 2010. *Making the social world:the structure of human civilization*. Oxford University Press.

Searle, John R. 1997. *The construction of social reality*. Free Press.

Shoham, Yoav. 1993. Agent-oriented programming. *Artificial Intelligence* 60: 51–92.

Shoham, Yoav, and Kevin Leyton-Brown. 2008. *Multiagent systems: Algorithmic, game-theoretic, and logical foundations*. Cambridge University Press.

Silva, Lavindra de. 2018a. Addendum to "HTN acting: A formalism and an algorithm." abs/1806.02127. http://arxiv.org/abs/1806.02127.

Silva, Lavindra de. 2018b. HTN acting: A formalism and an algorithm. In *Proceedings of the 17th International Conference on Autonomous Agents and MultiAgent Systems, AAMAS 2018, Stockholm, Sweden, July 10–15, 2018*, eds. Elisabeth André, Sven Koenig, Mehdi Dastani, and Gita Sukthankar, 363–371. International Foundation for Autonomous Agents and Multiagent Systems. http://dl.acm.org/citation.cfm?id=3237441.

Silva, Lavindra de, Sebastian Sardina, and Lin Padgham. 2009. First principles planning in BDI systems. In *8th International Joint Conference on Autonomous Agents and Multiagent Systems (AAMAS 2009), Budapest, Hungary, May 10–15, 2009, Volume 2*, eds. Carles Sierra, Cristiano Castelfranchi, Keith S. Decker, and Jaime Simão Sichman, 1105–1112. IFAAMAS. https://dl.acm.org/citation.cfm?id=1558167.

Simari, Guillermo Ricardo, and Iyad Rahwan, eds. 2009. *Argumentation in artificial intelligence*. Springer. https://doi.org/10.1007/978-0-387-98197-0.

Simon, Herbert A. 1996. *The sciences of the artificial*, 3rd ed. MIT Press.

Singh, Dhirendra, Sebastian Sardiña, and Lin Padgham. 2010a. Extending BDI plan selection to incorporate learning from experience. *Robotics and Autonomous Systems* 58 (9): 1067–1075. https://doi.org/10.1016/j.robot.2010.05.008.

Singh, Dhirendra, Sebastian Sardiña, Lin Padgham, and Stéphane Airiau. 2010b. Learning context conditions for BDI plan selection. In *9th International Conference on Autonomous Agents and Multiagent Systems (AAMAS 2010), Toronto, Canada, May 10–14, 2010, Volume 1-3*, eds. Wiebe van der Hoek, Gal A. Kaminka, Yves Lespérance, Michael Luck, and Sandip Sen, 325–332. IFAAMAS. https://dl.acm.org/citation.cfm?id=1838252.

Singh, Dhirendra, Sebastian Sardiña, Lin Padgham, and Geoff James. 2011. Integrating learning into a BDI agent for environments with changing dynamics. In *IJCAI 2011, Proceedings of the 22nd International Joint Conference on Artificial Intelligence, Barcelona, Catalonia, Spain, July 16–22, 2011*, ed. Toby Walsh, 2525–2530. IJCAI/AAAI. https://doi.org/10.5591/978-1-57735-516-8/IJCAI11-420. http://ijcai.org/proceedings/2011.

Singh, Munindar P. 1991. A logic of situated know-how. In *Proceedings of the 9th National Conference on Artificial Intelligence, Anaheim, CA, USA, July 14–19, 1991, Volume 1.*, eds. Thomas L. Dean and Kathleen R. McKeown, 343–348. AAAI Press / MIT Press. http://www.aaai.org/Library/AAAI/1991/aaai91-053.php.

Sterling, Leon, and Kuldar Taveter. 2009. *The art of agent-oriented modeling*. MIT Press.

Stratulat, Tiberiu, Jacques Ferber, and John Tranier. 2009. MASQ: towards an integral approach to interaction. In *AAMAS (2009)*, 813–820.

Sturm, Arnon, and Onn Shehory. 2014. The landscape of agent-oriented methodologies. In *Agent-Oriented Software Engineering*, eds. Onn Shehory and Arnon Sturm, 137–154. Springer.

Sutton, Richard S., and Andrew G. Barto. 2018. *Reinforcement learning: An introduction*. MIT Press.

Tambe, Milind. 1997. Towards flexible teamwork. *Journal of Artificial Intelligence Researrch* 7: 83–124.

Tambe, Milind. 2008. Electric elves: What went wrong and why. *AI Magazine* 29 (2): 23–27. http://www.aaai.org/ojs/index.php/aimagazine/article/view/2123.

Theraulaz, Guy, and Eric Bonbeau. 1999. A brief history of stigmergy. *Artificial Life* 5 (2): 97–116. https://doi.org/10.1162/106454699568700.

Tolk, Andreas, and James A Muguira. 2003. The levels of conceptual interoperability model. In *Proceedings of the 2003 Fall Simulation Interoperability Workshop*, Vol. 7, 1–11. Citeseer.

Trentin, Iago Felipe, Olivier Boissier, and Fano Ramparany. 2019. Insights about user-centric contextual online adaptation of coordinated multi-agent systems in smart homes. In *Actes des 17èmes Rencontres des Jeunes Chercheurs en Intelligence Artificielle, RJCIA 2019, Toulouse, France, July 2–4, 2019.*, ed. Maxime Lefrançois, 35–42. https://hal.archives-ouvertes.fr/hal-02160421.

Uez, Daniela Maria, and Jomi F. Hübner. 2014. Environments and organizations in multi-agent systems: From modelling to code. In *Proc. 2nd International Workshop on Engineering Multi-agent Systems (EMAS @ AAMAS 2014)*, eds. Fabiano Dalpiaz, Jürgen Dix, and M. Birna van Riemsdijk. Vol. 8758 of *LNCS*, 181–203. Springer. https://doi.org/10.1007/978-3-319-14484-9_10.

Van Dyke Parunak, H. 1997. "Go to the ant": Engineering principles from natural multi-agent systems. *Annals of Operations Research* 75 (0): 69–101. https://EconPapers.repec.org/RePEc:spr:annopr:v:75:y:1997:i:0:p:69-101:10.1023/a:1018980001403.

Van-Roy, Peter, and Seif Haridi. 2004. *Concepts, techniques, and models of computer programming*. MIT Press.

Vieira, Renata, Álvaro F. Moreira, Michael J. Wooldridge, and Rafael H. Bordini. 2007. On the formal semantics of speech-act based communication in an agent-oriented programming language. *Journal of Artificial Intelligence Research* 29: 221–267. https://doi.org/10.1613/jair.2221.

Wagner, Thomas, John Phelps, Valerie Guralnik, and Ryan VanRiper. 2004. Coordinators: Co-ordination managers for first responders. In *Proceedings of the Third International Joint Conference on Autonomous Agents and Multiagent Systems. AAMAS 2004*, 1140–1147. IEEE Computer Society. https://doi.org/10.1109/AAMAS.2004.97.

Walton, Douglas, Chris Reed, and Fabrizio Macagno. 2008. *Argumentation schemes*. Cambridge University Press. http://www.cambridge.org/us/academic/subjects/philosophy/logic/argumentation-schemes.

Weiss, Gerhard, ed. 1999. *Multiagent systems: A modern approach to distributed artificial intelligence*. MIT Press.

Weyns, Danny, and Tom Holvoet. 2006. A reference architecture for situated multiagent systems. In *Environments for Multi-Agent Systems III, Third International Workshop, E4MAS 2006, Hakodate, Japan, May 8, 2006. Selected revised and invited papers*, eds. Danny Weyns, H. Van Dyke Parunak, and Fabien Michel. Vol. 4389 of *LNCS*, 1–40. Springer. https://doi.org/10.1007/978-3-540-71103-2_1.

Weyns, Danny, Andrea Omicini, and James Odell. 2007. Environment as a first class abstraction in multiagent systems. *Autonomous Agents and Multi-Agent Systems* 14 (1): 5–30. https://doi.org/10.1007/s10458-006-0012-0.

Weyns, Danny, and H. Van Dyke Parunak, eds. 2007. Special issue on environments for multi-agent systems, Vol. 14, 1–116. Springer.

Winikoff, Michael. 2005. JACK intelligent agents: An industrial strength platform. In *Multi-Agent Programming*, eds. Rafael H. Bordini, Mehdi Dastani, Jürgen Dix, and Amal El Fallah Seghrouchni. *Multiagent systems, artificial societies, and simulated organizations*, 175–193. Springer.

Winikoff, Michael. 2017. Debugging agent programs with why?: Questions. In *Proceedings of the 16th Conference on Autonomous Agents and MultiAgent Systems. AAMAS'17*, 251–259. International Foundation for Autonomous Agents and Multiagent Systems. http://dl.acm.org/citation.cfm?id=3091125.3091166.

Wooldridge, M. 2000. *Reasoning about rational agents*. MIT Press.

Wooldridge, Michael, and Paolo Ciancarini. 2001. Agent-oriented software engineering: The state of the art. In *First International Workshop, AOSE 2000 on Agent-oriented Software Engineering*, 1–28. Springer. http://dl.acm.org/citation.cfm?id=370834.370836.

Wooldridge, Michael, and Nicholas R. Jennings. 1995. Intelligent agents: theory and practice. *The Knowledge Engineering Review* 10 (2): 115–152. https://doi.org/10.1017/S0269888900008122.

Wooldridge, Michael, Nicholas R. Jennings, and David Kinny. 2000. The GAIA methodology for agent-oriented analysis and design. *Autonomous Agents and Multi-Agent Systems* 3 (3): 285–312. https://doi.org/10.1023/A:1010071910869.

Wooldridge, Michael J. 2009. *An introduction to multiagent systems*, 2nd ed. Wiley.

Xu, Mengwei, Kim Bauters, Kevin McAreavey, and Weiru Liu. 2018. A formal approach to embedding first-principles planning in BDI agent systems. In *Scalable Uncertainty Management - 12th International Conference, SUM 2018, Milan, Italy, October 3–5, 2018, Proceedings*, eds. Davide Ciucci, Gabriella Pasi, and Barbara Vantaggi. Vol. 11142 of *LNCS*, 333–347. Springer. https://doi.org/10.1007/978-3-030-00461-3_23.

Zarafin, Alexandra-Madalina, Antoine Zimmermann, and Olivier Boissier. 2012. Integrating semantic web technologies and multi-agent systems: A semantic description of multi-agent organizations. In *Proceedings of the First International Conference on Agreement Technologies, AT 2012, Dubrovnik, Croatia, October 15–16, 2012*, eds. Sascha Ossowski, Francesca Toni, and George A. Vouros. Vol. 918 of *CEUR workshop proceedings*, 296–297. CEUR-WS.org. http://ceur-ws.org/Vol-918/111110296.pdf.

Zavoral, Filip, Jason J. Jung, and Costin Badica, eds. 2014. Intelligent distributed computing VII - proceedings of the 7th international symposium on intelligent distributed computing, IDC 2013, Prague, Czech Republic, September 2013. Vol. 511 of *Studies in computational intelligence*. Springer. https://doi.org/10.1007/978-3-319-01571-2.

推荐阅读

人工智能：计算Agent基础（原书第2版）

作者：David L. Poole 等 译者：黄智濒 等 ISBN：978-7-111-68435-0 定价：149.00元

本书是人工智能领域的经典导论书籍，新版对符号方法和非符号方法进行了广泛讨论，这些知识是理解当前和未来主要人工智能方法的基础。理论结合实践的讲解方式使得本书更易于学习，对于想要了解AI并准备跨入该领域的读者来说，本书将是必不可少的。

——Robert Kowalski，伦敦帝国理工学院

本书清晰呈现了AI领域的全貌，从逻辑基础到学习、表示、推理和多智能体系统的新突破均有涵盖。作者将AI看作众多技术的集成，一层一层地讲解构建智能体所需的所有技术。尽管包罗甚广，但本书的选材标准颇高，最终纳入书中的技术都是极具应用前景和发展潜力的，因此读之备感收获满满。

——Guy Van den Broeck，加州大学洛杉矶分校